界面设计 1+X 证书配套用书
职业教育新型活页式教材

# 界面设计

主　编◎林博韬
副主编◎赵俨斐　郭　娟　祁　彬
参　编◎周煜翔　韦秀行　董劲标
周晓明　梁丽慧

電子工業出版社
Publishing House of Electronics Industry
北京・BEIJING

## 内 容 简 介

本书以“1+X”职业技能等级考核标准为依据，采用新型活页式教材体例编制，可作为专业教学配套指导教材。本书主要内容包括游戏界面设计、移动 App 界面设计、智能终端界面设计 3 个项目、14 个任务。读者通过学习能够掌握界面设计的用户需求分析、产品概念设计、产品快速原型图制作、产品检查与评价等工作流程及知识技能。

本书可作为中等职业院校计算机类相关专业界面设计（初级）课程的学生用书。



**图书在版编目（CIP）数据**

界面设计 / 林博韬主编.—北京：电子工业出版社，2023.1

ISBN 978-7-121-44996-3

Ⅰ. ①界… Ⅱ. ①林… Ⅲ. ①人机界面－程序设计－中等专业学校－教材 Ⅳ. ①TP311.1

中国国家版本馆 CIP 数据核字（2023）第 009152 号

责任编辑：关雅莉　　文字编辑：王　炜
印　　刷：涿州市般润文化传播有限公司
装　　订：涿州市般润文化传播有限公司
出版发行：电子工业出版社
　　　　　北京市海淀区万寿路 173 信箱　邮编　100036
开　　本：787×1 092　1/16　印张：6.75　字数：162 千字
版　　次：2023 年 1 月第 1 版
印　　次：2023 年 1 月第 1 次印刷
定　　价：37.80 元

凡所购买电子工业出版社图书有缺损问题，请向购买书店调换。若书店售缺，请与本社发行部联系，联系及邮购电话：（010）88254888，88258888。

质量投诉请发邮件至 zlts@phei.com.cn，盗版侵权举报请发邮件至 dbqq@phei.com.cn。

本书咨询联系方式：（010）88254576，zhangzhp@phei.com.cn。

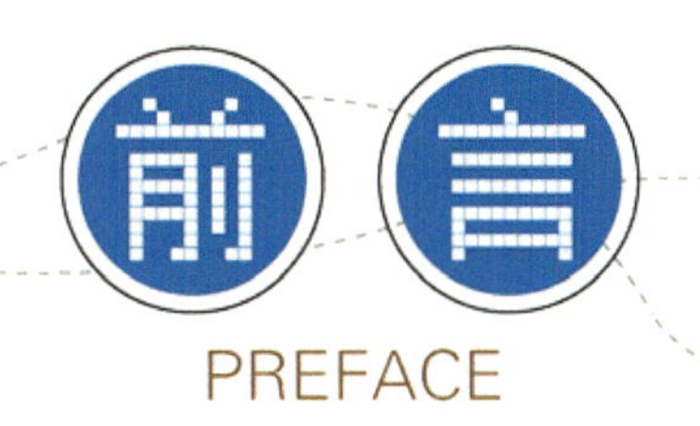

党的二十大报告强调“教育、科技、人才是全面建设社会主义现代化国家的基础性、战略性支撑。必须坚持科技是第一生产力、人才是第一资源、创新是第一动力，深入实施科教兴国战略、人才强国战略、创新驱动发展战略，开辟发展新领域新赛道，不断塑造发展新动能新优势。”党的二十大报告对推动现代职业教育高质量发展，深化“三教”（教师、教材、教法）改革，提出了更高的要求。

界面设计也称 UI 设计。它是为了满足软件专业化、标准化需求而产生的对软件界面进行美化、规范化的设计分支。产品的界面设计在工业生产等诸多领域被广泛应用，是中国智能制造数字化发展历程中的重要一环。

如何才能学好界面设计呢？今天，我们通过书中的项目内容，帮助学生踏入界面设计的世界。希望学生能在学习过程中，逐步树立自己的职业理想，养成优良的职业素养，刻苦钻研专业技能，在不久的将来成为一名优秀的界面设计师。

（1）定位及目标

本书旨在“课证融通”的要求下，引导学生熟悉工作系统流程，掌握界面设计职业等级的初级技能，强化对岗位素养与职业能力的考评。

（2）总体教学要求建议

本书建议课时数为 50 学时，安排见下表（仅供参考）。

| 项　目 | 内　容 | 学　时 |
|---|---|---|
| 1 | 游戏界面设计 | 10 |
| 2 | 移动 App 界面设计 | 14 |
| 3 | 智能终端界面设计 | 26 |

本书受广西职业教育第二批专业发展研究基地专项经费支持。编写团队针对广西职业教育计算机应用专业群的核心课程，积极探索“课证融通”的改革方法，从新一代信息技术产业发展的角度出发，采用活页方式，并配备了数字化的教学资源。

本书遵循职业能力的培养规律，强调以学生为中心，关注新技术发展动态，力争满足“互联网+职业教育”的总体需求，在内容上打破学科体系、知识本位的束缚，加强与生产、生活的联系，突出应用性与实践性，既能结合线上教学资源进行学习，也能在线下作为工作手册使用。

本书由林博韬担任主编，具体编写分工为：郭娟（任务 1-1，任务 1-3）；梁丽慧（任务 1-2，任务 3-3，任务 3-4）；周晓明（任务 1-4，任务 3-5）；董劲标（任务 2-1，任务 2-5）；赵俨斐（任务 2-2，任务 2-4）；祁彬、韦秀行（任务 2-3）；周煜翔（任务 3-1，任务 3-2）。

由于编者水平有限，书中难免存在不足之处，敬请读者谅解。

# CONTENTS

# 项目 1

# 游戏界面设计

## 一、学习目标

### （一）知识与技能目标

1．掌握用户场景与用户体验旅程图的制作方法。

2．掌握信息架构梳理分析的方法。

3．掌握产品设计文档的撰写规范。

### （二）过程与方法目标

1．掌握不同用户场景需求的分析方法。

2．掌握产品信息架构的梳理方法。

3．完成游戏界面视觉设计规范文档的撰写。

4．掌握工作总结与评价的方法。

### （三）情感态度与价值观目标

1．培养沟通、审美、观察、想象等核心素养。

2．建立为用户服务的意识，提高主动沟通协调的能力。

3．从用户需求出发，提供可行并能提升用户体验的设计解决方案。

4．在项目实践中，自觉树立社会主义核心价值观。

## 二、工作页

### （一）项目描述

A 公司即将在手机平台上发行一款适合年轻人群体的益智类游戏。作为 A 公司的视觉设计师，如何为这款游戏产品设计界面呢？

### （二）任务活动和学时分配

任务活动和学时分配见表 1-1。

表 1-1　任务活动和学时分配

| 序号 | 任务活动 | 学时安排 |
| --- | --- | --- |
| 1 | 用户需求分析 | 4 |
| 2 | 产品概念设计 | 4 |
| 3 | 工作总结与评价 | 2 |
| 合计 | | 10 |

### （三）工作流程

工作流程框架如图 1-1 所示。

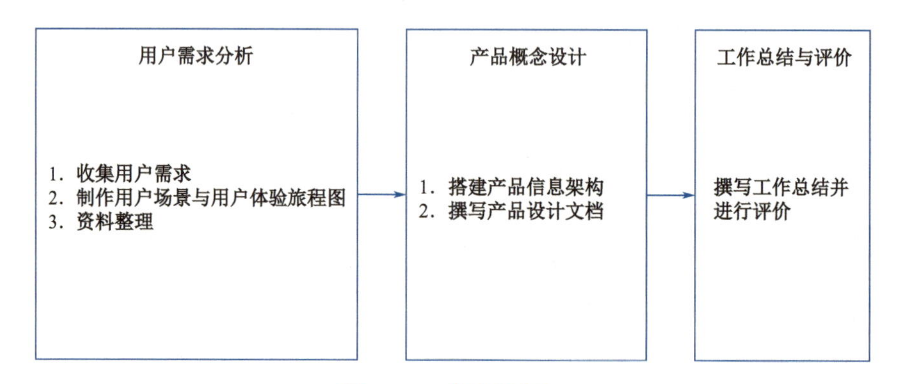


图 1-1　工作流程框架

# 任务 1-1 用户需求分析

## 建议学时

4 学时

## 任务描述

在开始设计游戏界面之前，先要通过问卷调查、用户场景与体验旅程图等活动开展信息收集与分析，形成用户画像，再以此作为后续产品设计工作的科学依据。

## 问题引导

1. 用户需求信息如何挖掘？用户画像信息如何整理？
2. 用户场景与用户体验旅程图如何制作？

## 任务实施

1. 主动参与用户需求收集活动，并及时将相关信息记录在调查表中。
2. 以问题为导向，完成用户需求调查分析，以及用户场景与用户体验旅程图。
3. 根据用户需求结果，并参考提供的方向路径，独立收集整理信息，寻求解决问题的策略方法。具体工作步骤及要求见表 1-2。

表 1-2 具体工作步骤及要求

| 序号 | 工作步骤 | 要求 | 学时安排 | 备注 |
| --- | --- | --- | --- | --- |
| 1 | 收集用户需求 | 通过实地考察、问卷调查等方法，进行用户画像信息整理 | 2 | |
| 2 | 制作用户场景与用户体验旅程图 | 利用便条贴，在信息收集的基础上进行用户场景与用户体验旅程图制作 | 1 | |
| 3 | 资料整理 | 通过案例分析，了解设计范式，并寻求解决问题的策略与方法 | 1 | |

### 一、收集用户需求

在产品设计之初，我们应该明确使用人群、使用环境和使用需求。调查清楚这些问题，有助于直接锁定产品的潜在用户群，并根据用户需求制作出用户场景与用户体验旅程图。

根据调查结果，填写用户需求调查表，见表 1-3。

表 1-3　用户需求调查表

| 序　号 | 问　题 | 调查内容 | 内容记录 |
|---|---|---|---|
| 1 | 您的基本信息 | 年龄 | |
| | | 性别 | |
| | | 爱好 | |
| | | 职业 | |
| | | 受教育程度 | |
| 2 | 您喜欢的游戏风格有哪些？请写出游戏的名称 | 中国武侠 | |
| | | 欧美魔幻 | |
| | | 日本二次元 | |
| | | 其他 | |
| 3 | 您希望这款游戏在哪些方面更具有吸引力 | 场景选择 | |
| | | 关卡选择 | |
| | | 角色选择 | |
| | | 装备选择 | |
| | | 攻击与防御 | |
| | | 其他 | |

在“线上教学资源”中，我们提供了用户数据样本，请结合收集到的用户需求数据信息，进行用户画像信息整理，用户画像信息框架如图 1-2 所示。

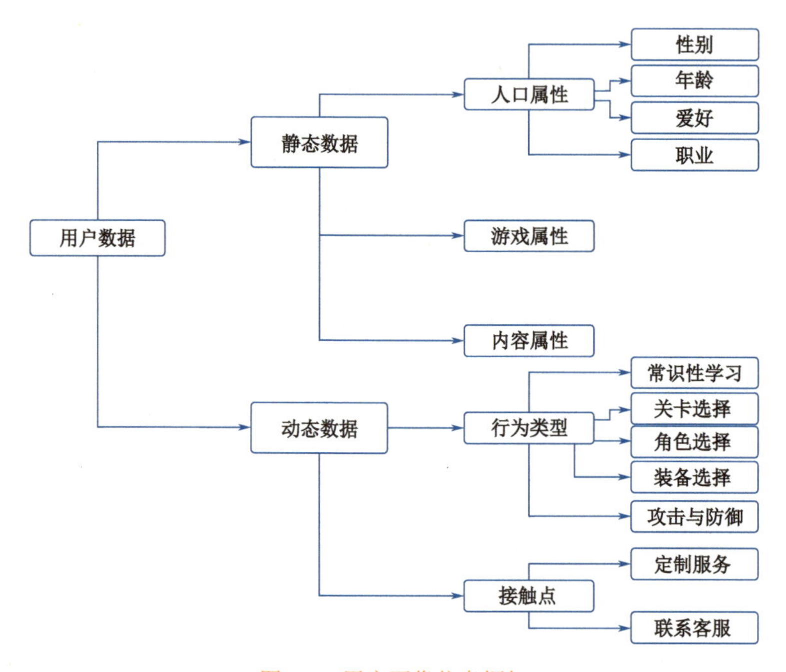


图 1-2　用户画像信息框架

## 二、用户场景与用户体验旅程图制作

（一）用户群确认。从用户视角出发，选择使用产品的某一类用户群。

（二）用户场景确定。何时？何地？什么人？有什么需求？怎么满足需求？

（三）用户访谈。收集用户在每个阶段的具体行为、想法、情绪等，即用户在做什么？用户是怎么想的？用户的感受如何？

（四）用户场景与用户体验旅程图制作。选择用户场景后，先使用一张表从用户视角以讲故事的方式，记录用户在使用产品时的一系列行为，包括场景、行为、想法、情绪曲线、痛点、爽点和感受等。再以可视化图形的方式进行展示，建议每张图代表一个用户角色。用户场景与用户体验旅程表见表1-4所示。

表1-4 用户场景与用户体验旅程表

| 阶　段 | 常识性学习 | 关卡选择 | 角色、装备等选择 | 定制（前） | 定制（中） | 定制（后） |
|---|---|---|---|---|---|---|
| 场景（用户期望/目标） | | | | | | |
| 行为 | | | | | | |
| 想法 | | | | | | |
| 情绪曲线 | | | | | | |
| 痛点 | | | | | | |
| 爽点 | | | | | | |
| 感受 | | | | | | |
| 体验 | | | | | | |
| 接触点 | | | | | | |

*可以利用便条贴记录访谈用户的想法，并细化梳理进行归类。

***知识小贴士**

用户场景与用户体验旅程图是指从用户角度出发，以叙述故事的方式描述用户使用产品或接受服务的体验情况，并以可视化图形的方式进行展示。这部分内容请学习“线上教学资源”中“用户体验旅程图活动”微课视频。

## 三、资料整理

### （一）资料收集

为了方案的设计工作能够顺利开展，请参考下面提供的信息路径，收集相关游戏资料与设计素材。

信息路径 A——图书馆。

信息路径 B——互联网。

信息路径 C——书店。

信息路径 D——参观设计公司现场。

信息路径 E——寻求有经验的人士帮助。

### （二）典型案例

典型案例的首屏界面、导航界面、场景界面，如图 1-3、图 1-4、图 1-5 所示。

图 1-3　首屏界面

图 1-4　导航界面

图 1-5　场景界面

# 任务 1-2 产品概念设计

## 建议学时

4 学时

## 任务描述

产品概念设计是整个界面设计工作流程中承上启下的关键，其严谨和规范的程度直接决定了产品实体化的质量。用户场景需求信息收集、分析的工作结束后，就进入了产品概念设计阶段。首先，需要通过梳理信息，明确产品的功能模块。然后，通过设计文档确定产品设计的规范标准，便于后续工作的标准化衔接和执行。

## 问题引导

1. 使用什么工具完成产品概念设计？
2. 如何搭建产品信息的架构？
3. 如何确定产品设计的规范标准？

## 任务实施

1. 结合用户需求，明确功能模块，搭建产品信息架构。
2. 明确规范标准，撰写产品设计文档。

具体工作步骤及要求见表 1-5。

表 1-5 具体工作步骤及要求

| 序 号 | 工作步骤 | 要 求 | 学时安排 | 备 注 |
|---|---|---|---|---|
| 1 | 搭建产品信息架构 | 明确功能模块，规划各模块中的功能界面分布 | 4 | |
| 2 | 撰写产品设计文档 | 明确规范标准，撰写产品设计文档 | | |

### 一、搭建产品信息架构

在游戏界面信息架构的基础上，快速梳理产品功能模块，规划各模块中的功能界面分布。具体任务要求如下。

（一）小组进行界面功能的讨论。

（二）利用绘制软件完成信息架构。

游戏界面信息架构如图 1-6 所示。

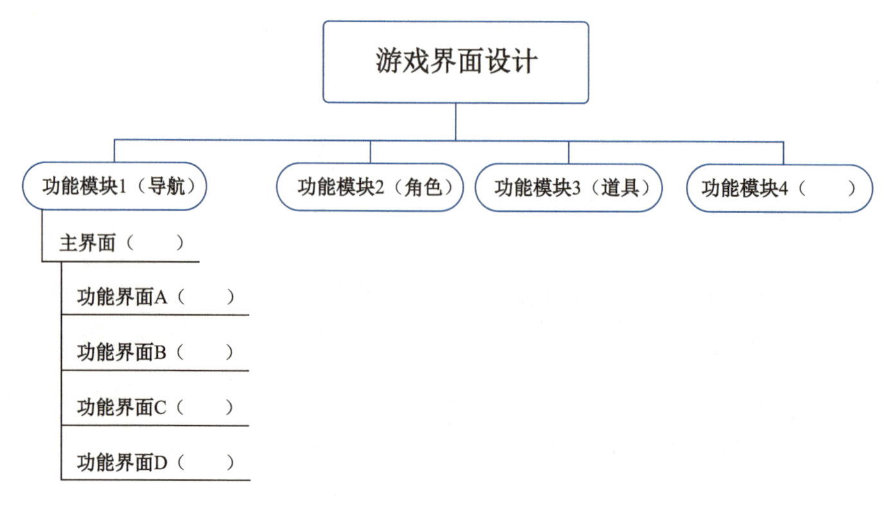


图 1-6　游戏界面信息架构

## 二、撰写产品设计文档

撰写产品设计文档是基于设计团队在执行项目过程中，统一制作标准，把控产品质量的实际需求。产品设计文档是界面设计的规范标准化文档，它主要涉及“视觉设计”与“交互设计”两部分，产品设计文档撰写规范框架如图 1-7 所示。其中视觉设计部分包括 9 个方面。

（1）色彩控件规范：包括主色、辅助色、点睛色的使用规范。

（2）按钮控件规范：包括输入框、提示框、消息、确认/取消等按钮的使用规范。

（3）分隔线规范：包括分隔线使用场景及颜色等规范。

（4）头像规范：包括头像使用大小和场景等规范。

（5）提示框规范：包括不同提示框的大小及版式等规范。

（6）文字规范：包括字号大小、颜色及使用场景等规范。

（7）间距规范：包括段落行间距和文本左右间距等规范。

（8）图标规范：包括图标大小、使用场景及图标绘制等规范。

（9）造型规范：包括角色、道具、游戏场景绘制等规范。

可以在 Windows 操作系统中使用 Adobe illustrator 软件，或者在 Mac 操作系统中安装 Sketch

软件来完成以下框架内容。

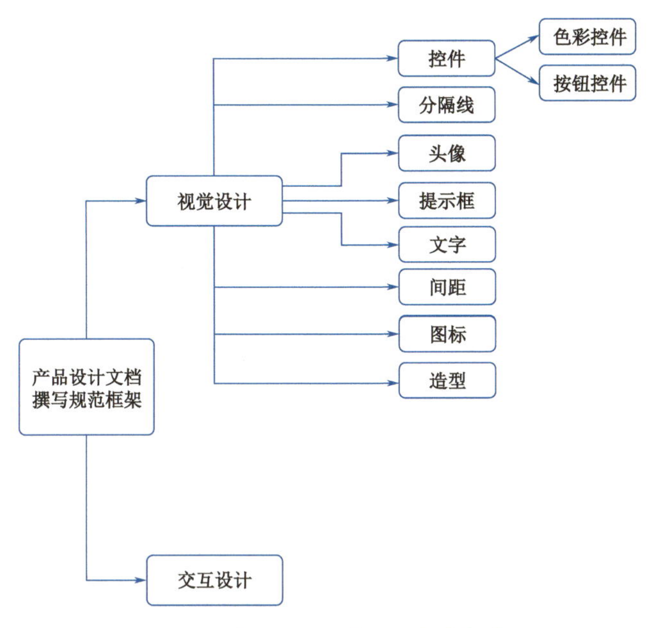


图 1-7 产品设计文档撰写规范框架

## （一）色彩控件规范

### 1. 制定主色

我们在进行界面设计时，要统一用色规范，包括主色、点睛色、辅助色。首先要确定色号，以防止设计过程中出现色差，导致界面用色出现混乱的情况。主色、点睛色、辅助色的选择运用范围，可以利用 Adobe Color 取色器进行选配，Adobe Color 取色器如图 1-8 所示。将选取的色号填入方案色谱表中，见表 1-6。

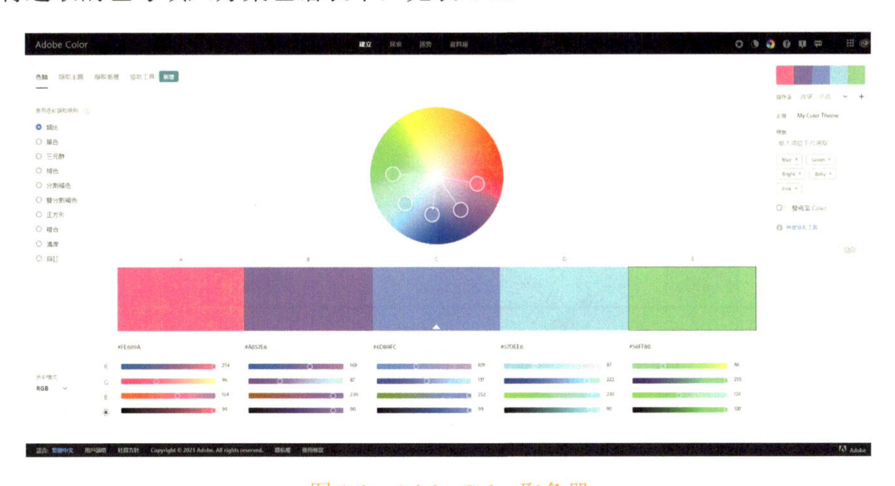


图 1-8 Adobe Color 取色器

表 1-6　方案色谱表

| 色号（举例） | 主色 | 点睛色 | 辅助色 |
| --- | --- | --- | --- |
| #E6B9D4 | | | |

*知识小贴士

（1）主色：即主题色。它是界面设计配色的中心色，所占面积较多。通常界面中主要模块使用的颜色都是主题色。

（2）点睛色：界面设计中通常采用对比强烈或较为鲜艳的色彩作为点睛色。点睛色的应用面积越小，色彩对比越强烈，效果越突出。

（3）辅助色：它的视觉重要性和面积仅次于主题色，常用于陪衬主题色，使其更加突出。

（4）Adobe Color 取色器：这是一款在线的色彩管理应用。我们利用该取色器选择 1 个基础色时，系统会自动产生 4 个关联色进行色彩搭配。它可以选择不同的调色规则，既可以直接输入颜色代码，也可以从图片中提取颜色生成主题色。Adobe Color 取色器有 6 种取色模式：Colorful（五彩缤纷）、Bright（明亮的）、Muted（浅色的）、Deep（深色的）、Dark（灰暗的）和 Custom（自定义的）。

### 2．定义色彩控件

色彩控件包含 4 种模式，即日间阅读模式、日间阅读模式（点击后）、夜间阅读模式、夜间阅读模式（点击后）。色彩控件方案（范例）见表 1-7。请按范例完成界面设计的色彩控件配置，并在表 1-8 中填写控件色号。

表 1-7　色彩控件方案（范例）

| 控件模式 | 日间阅读模式 | 日间阅读模式（点击后） | 夜间阅读模式 | 夜间阅读模式（点击后） |
| --- | --- | --- | --- | --- |
| 控件色号 | #FE609A | #FE609A-50% | #80304D | #80304D-50% |
| 控件色彩 | | | | |

表 1-8　色彩控件方案

| 控件模式 | 日间阅读模式 | 日间阅读模式（点击后） | 夜间阅读模式 | 夜间阅读模式（点击后） |
| --- | --- | --- | --- | --- |
| 控件色号 | | （　　　）-50% | | （　　　）-50% |

### 3. 定义组件名称

在界面设计过程中会形成若干不同的色彩控件方案。为便于软件的样式调取，我们将每组色彩控件用 1 个代码或字母进行命名，并形成组件。定义组件（范例）见表 1-9，请根据设计方案情况，完成表 1-10 的内容填写。

表 1-9 定义组件（范例）

| 组件名称 | 日间阅读模式 | 日间阅读模式（点击后） | 夜间阅读模式 | 夜间阅读模式（点击后） |
|---|---|---|---|---|
| A1 | #FE609A | #FE609A-50% | #80304D | #80304D-50% |
| | | | | |

表 1-10 定义组件

| 组件名称 | 日间阅读模式 | 日间阅读模式（点击后） | 夜间阅读模式 | 夜间阅读模式（点击后） |
|---|---|---|---|---|
| | | | | |

### 4. 界面用色表

关于界面设计的用色，我们分别针对界面应用的字体、线条、面块等元素，完成控件配色与组件命名的配置，并将全部组件利用 Adobe illustrator 软件编排成总表，帮助设计团队在控件用色规范上形成参考依据，提升设计团队的协同效率。界面用色表见表 1-11（a）、表 1-11（b）、表 1-11（c）。

表 1-11 界面用色表（a）

| 字 体 | | | | |
|---|---|---|---|---|
| 组件名称 | 日间阅读模式 | 日间阅读模式（点击后） | 夜间阅读模式 | 夜间阅读模式（点击后） |
| | | | | |
| | | | | |
| | | | | |
| | | | | |

表 1-11　界面用色表（b）

| 线　条 | | | | |
|---|---|---|---|---|
| 组件名称 | 日间阅读模式 | 日间阅读模式（点击后） | 夜间阅读模式 | 夜间阅读模式（点击后） |
| | | | | |
| | | | | |
| | | | | |
| | | | | |

表 1-11　界面用色表（c）

| 面　块 | | | | |
|---|---|---|---|---|
| 组件名称 | 日间阅读模式 | 日间阅读模式（点击后） | 夜间阅读模式 | 夜间阅读模式（点击后） |
| | | | | |
| | | | | |
| | | | | |
| | | | | |

### （二）按钮控件规范

按钮控件有 3 种状态，即常态、点击、不可用。为保证设计的一致性，在同款界面设计中，可以将不同的按钮罗列出来，并明确尺寸、字号、描边大小（通常为 1px）、圆角大小（通常为 8px）等参数。请利用软件按下面范例完成界面的按钮状态设计和按钮参数设计，如图 1-9、图 1-10 所示。

图 1-9　按钮状态设计

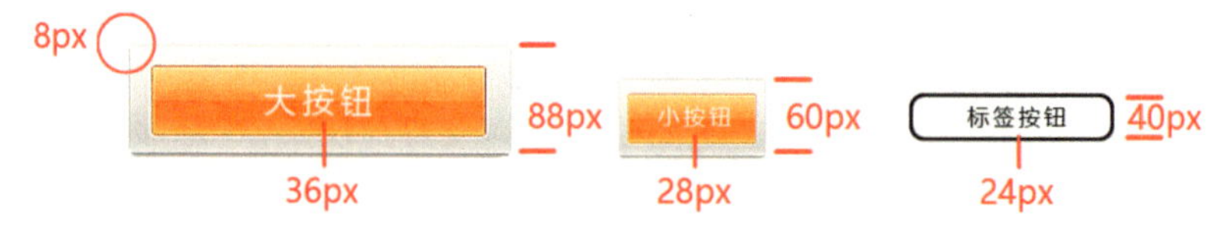


图 1-10　按钮参数设计

请完成以下填空题后，利用软件对应完成按钮控件设计，以及规范文档的制作。

（1）按钮控件有3种状态，分别是___________、___________、___________。

（2）按钮控件的常用尺寸为___________________________________________。

（3）按钮圆角大小通常为______________________。

## （三）分隔线规范

分隔线是产品对其信息架构功能进行梳理、分类后，设计师利用分隔线，实现在视觉上对页面信息的内容区分。分隔线的应用粗细通常为1px。在白色背景下，分隔线的颜色为#e5e5e5。在灰色背景下，分隔线的颜色为#cccccc。

请完成以下填空题后，利用软件对应完成分隔线设计，以及规范文档的制作。

（1）分隔线粗细为___________。

（2）白色背景分隔线颜色为___________。

（3）灰色背景分隔线颜色为___________。

## （四）头像规范

在社交类产品中，头像的应用比较普遍，不同场景的头像尺寸会有所区别，如消息列表页的头像尺寸为72px×72px；App个人中心页面的头像尺寸为120px×120px；个人资料页面的头像尺寸为96px×96px；讨论区列表的头像尺寸为44px×44px；导航页的头像尺寸为60px×60px。通常情况下头像设计为圆角方形或圆形，头像图标效果如图1-11所示。

图1-11 头像图标效果

请完成以下填空题后，利用软件对应完成头像设计，以及规范文档的制作。

（1）消息列表页中的头像尺寸为______________________。

（2）App个人中心页面的头像尺寸为______________________。

（3）个人资料页面的头像尺寸为______________________。

（4）讨论区列表的头像尺寸为______________________。

（5）导航页的头像尺寸为______________________。

### （五）提示框规范

提示框包括提示框（带按钮）、提示框（不带按钮）、进度条提示框、加载提示框。在提示框的设计中，主标题字号为34px，副标题字号为26px，文字左右间距为30px。

请完成以下填空题后，利用软件对应完成提示框设计，以及规范文档的制作。

（1）提示框分为__________、__________、__________、__________。

（2）主标题字号为____________________。

（3）副标题字号为____________________。

（4）文字左右间距为____________________。

### （六）文字规范

文字规范在页面的信息要保持一致，信息的重要程度决定字号的大小。在社交类产品中，正文字号为34px，评论字号为32px，描述性文字字号为24px，最小字号不能小于20px。

请完成以下填空题后，利用软件对应完成文字设计，以及规范文档的制作。

（1）正文字号为__________。

（2）评论字号为__________。

（3）描述性文字字号为__________。

（4）最小字号不能小于__________。

在游戏类界面产品中，主题性文字的样式设计更要具备创意性，以突出视觉感官的需求。现在请按下面步骤完成学习任务。

#### 1. 文字初识

（1）象形字识别如图1-12所示。猜一猜，下面的象形字分别是什么意思？

图1-12　象形字识别

（2）情感识别如图1-13所示。在我们熟知的字体中，不同字体的视觉情感也不一样，如活泼可爱、古典怀旧、简洁时尚、刚劲有力、优雅浪漫等，你能分辨出以下字体的情感特性吗？

把理想当作目标

游戏大欢乐

奋不顾身勇往直前

在这里拥抱青春

看得见的远方

山河已秋

从此山河皆路人

图 1-13 情感识别

（3）图文联想如图 1-14 所示。这是将图形与字体有机地结合在一起，从而组成完整的新象形字体。例如，说到音乐就会想到音符，说到时间会想到钟表，等等。当文字经过图形化之后，其内涵就会变得通俗易懂，视觉冲击力也获得了强化。

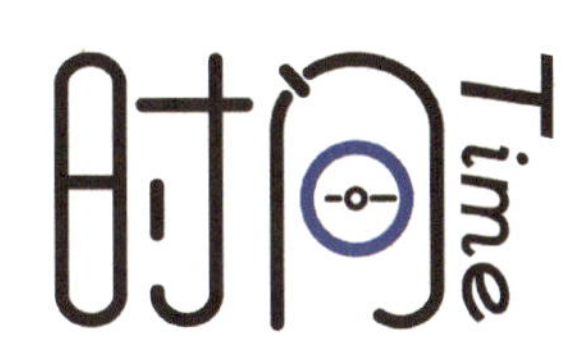


图 1-14 图文联想

图 1-14　图文联想（续）

### 2. 字体创意

字体创意所产生的联想能够让字体更有视觉表现力。字体设计主要是在点、横、竖、撇、捺的基础笔画上，运用艺术性的处理方式创造出一个具有美感且实用的字体。创意字体（a）如图 1-15 所示。

（1）请观察下列作品分别对其笔画进行了哪些处理？

图 1-15　创意字体（a）

我们发现，在字与字相互连接的地方可以是两个字的“横”相连，也可以是两个字的“撇”或“捺”相连。但是，设计时切记不要生搬硬拼，只有让其笔画进行自然连接，才会获得更好的效果。创意字体（b）如图 1-16 所示。

图 1-16　创意字体（b）

字体的装饰效果可以从多方面实现。例如，在基础字体周围添加放射线、波点等几何图形，或者使用花形来烘托气氛，还可以借助纹样、线条、错位、重叠等方式进行字体变形，都可获得更加美观、时尚的字体样式。经过装饰后的文字能够表现出另一种艺术美感和个性魅力，创意字体（c）如图 1-17 所示。

图 1-17 创意字体（c）

创意字体就是根据文案或产品特性，将字体中的一些笔画替换成拟人或拟物的方法来增加趣味性，使之更加符合文案和产品特性。创意字体（d）如图 1-18 所示。

图 1-18 创意字体（d）

将字体笔画的角（可以是竖的角，也可以是横的角）变成直尖、弯尖、斜卷尖，这样文字看起来会比较硬朗。

（2）通过以下字体改造演示，思考文字的创意设计可以怎样进行？

字体改造演示见表 1-12。

表 1-12 字体改造演示

| 序 号 | 实施步骤 | 效 果 |
| --- | --- | --- |
| 1 | 在 AI 软件中调取免费商用字体 | 狂欢节 |
| 2 | 在原基础上压扁字体 | 狂欢节 |
| 3 | 加粗部分字体的竖线笔画 | 狂欢节 |
| 4 | 笔画由“曲”变“直” | 狂欢节 |

续表

| 序　号 | 实施步骤 | 效　果 |
|---|---|---|
| 5 | 字与字之间进行连笔设计，并做斜切效果 | 狂欢节 |
| 6 | 添加细节，调整位置 | 狂欢节 |

（3）利用游戏的主题名字展开联想，如“植物大战僵尸”，请将文字创意草图绘制在表 1-13 中。

表 1-13　文字创意草图

### （七）间距规范

常用文本的行间距可以参考字号为 34px 时，行间距为 20px；字号为 32px 时，行间距为 18px 的标准，这样文本的阅读感觉会比较舒适。另外，为保证界面文本空间的使用率，文本四周（上下左右）的距离应保持在 30～40px 之间。

请完成以下填空题，并利用软件对应完成间距设计，以及规范文档的制作。

（1）字号为 34px，行间距为______________。

（2）字号为 32px，行间距为______________。

### （八）图标规范

图标可分成“点击图标”和“描述性图标”，尺寸有 48px×48px、32px×32px、24px×24px 三种规格。通常情况下 48px×48px 用于可点击图标，具有可操作性；24px×24px 用于描述性图标，具有强化阅览的功能。

请完成以下填空题，并利用软件对应完成图标设计，以及规范文档的制作。

（1）图标可分成______________、______________。

（2）图标尺寸有______________、______________、______________。

### （九）造型规范

造型规范包括角色、道具、场景等游戏造型。请利用绘图软件完成草图与概念图设计，角色概念图和角色概念草图如图 1-19 和图 1-20 所示。

图 1-19 角色概念图

图 1-20 角色概念草图

# 任务1-3 工作总结与评价

## 建议学时

2 学时

## 任务描述

本任务既是验证之前的设计，也是对整个项目执行效果的复盘。这是产品质量内控必不可少的一个关键环节。

## 问题引导

1. 如何进行项目的工作总结与评价？
2. 通过检查与反馈能有哪些收获与得失？

## 任务实施

根据任务的实施效果，对整个项目的执行进行过程性、结果性评价。具体工作步骤及要求见表 1-14。

表 1-14 具体工作步骤及要求

| 工作步骤 | 要 求 | 学时安排 | 备 注 |
|---|---|---|---|
| 总结与评价 | 对整个项目的执行进行过程性、结果性评价 | 2 | |

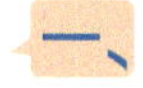

### 一、工作总结与评价

任务完成后，我们要针对实施过程中发现的问题，及时进行总结和评价，这将为下一次同类型项目的有效开展总结经验。请按工作要求撰写项目工作总结，并完成项目评价表。

#### （一）撰写工作总结

在小组内每个人先对任务完成情况进行评价总结，再由小组推荐代表向全班做小组总结。评价完成后，根据其他组成员对本组的评价意见进行归纳总结，并完成自评总结的撰写。

要求：①语言精练，无错别字；②编写内容包括任务内容、完成任务后的体会，以及自身的优点、缺点和改进措施；③字数约 1000 字。项目工作总结的具体内容见表 1-15。

表 1-15 项目工作总结

| | |
|---|---|
| 自评大纲 | 1. 我负责的任务是什么？<br>2. 我是否按时、按量、按质完成了自己的任务？<br>3. 除此之外，我还为团队贡献了什么？<br>4. 在完成任务的过程中，我存在哪些不足，主要是什么原因造成的?<br>5. 为了弥补任务完成过程中的不足，我还需要哪些支持或帮助？<br>6. 在没有外援的情况下，我有哪些解决问题的办法和措施 |
| 自评描述 | 请结合大纲问题，完成自评描述。（可另附页） |

## （二）提交评价表

教师对各小组任务完成情况进行评价。①找出各组的优点进行点评；②对任务完成过程中各组的缺点进行点评，并提出改进方法；③对整个任务完成中出现的亮点和不足进行点评。评价与分析具体的内容见表 1-16。

表 1-16　评价与分析

班级________　　　　学生姓名____________　　　　学号__________

| 项目 | 自我评价 | | | | 小组评价 | | | | 教师评价 | | | |
|---|---|---|---|---|---|---|---|---|---|---|---|---|
| | 优 | 良 | 合格 | 不合格 | 优 | 良 | 合格 | 不合格 | 优 | 良 | 合格 | 不合格 |
| | 占总评 10% | | | | 占总评 20% | | | | 占总评 70% | | | |
| 任务 1-1 | | | | | | | | | | | | |
| 任务 1-2 | | | | | | | | | | | | |
| 任务 1-3 | | | | | | | | | | | | |
| 政治品德 | | | | | | | | | | | | |
| 职业道德 | | | | | | | | | | | | |
| 安全文明 | | | | | | | | | | | | |
| 操作规范 | | | | | | | | | | | | |
| 质量控制 | | | | | | | | | | | | |
| 开拓创新 | | | | | | | | | | | | |
| 小计 | | | | | | | | | | | | |
| 总评 | | | | | | | | | | | | |

## 二、考核评价标准

考核评价标准的具体内容见表1-17。

表1-17 考核评价标准

| 评价内容 | 评价标准 | 分 数 |
| --- | --- | --- |
| 典型工作任务（任务1-1至任务1-3） | 优：充分履行岗位职责，超额完成工作目标任务。<br>良：较好地履行岗位职责，完成工作目标任务。<br>合格：能够履行岗位职责，完成工作目标任务。<br>不合格：未能切实履行岗位职责，没有完成工作目标任务 | 优：25～30<br>良：19～24<br>合格：16～18<br>不合格：0～15 |
| 政治品德 | 优：理论素养高，理想信念、宗旨意识、大局观念强，模范遵守政治纪律。<br>良：理论素养高，理想信念、宗旨意识、大局观念较强，遵守政治纪律（良好）。<br>合格：理念素养、理想信念、宗旨意识、大局观念一般，遵守政治纪律（一般）。<br>不合格：理论素养低，理想信念、宗旨意识、大局观念不强，不能遵守政治纪律 | 优：17～20<br>良：13～16<br>合格：11～12<br>不合格：0～10 |
| 职业道德 | 优：工作高度认真、细致严谨；爱岗敬业，积极组织或参与岗位工作任务，对工作充满激情。<br>良：工作认真，责任心较强；工作比较积极，能按要求组织或参与岗位工作任务。<br>合格：工作比较认真，有一定的责任心；缺乏热情，基本能按要求参与岗位工作任务。<br>不合格：工作不够认真，责任心较差；不能按要求参与岗位工作任务 | 优：10<br>良：8～9<br>合格：6～7<br>不合格：0～5 |
| 安全文明 | 优：风险防范意识强，制定预案及时完备科学有效；面对突发事件，头脑清醒，能够科学分析、敏锐把握事件潜在影响，有效应对突发事件。<br>良：风险防范意识较强，事先制定可行预案；面对突发事件，头脑比较清醒，能够比较科学地分析、较敏锐地把握事件潜在的影响，能应对突发事件。<br>合格：风险防范意识较弱，预案部署不够完备；面对突发事件，不能科学分析、敏锐把握事件潜在影响，应对突发事件能力较弱。<br>不合格：风险防范意识弱，事先没有制定可行预案；面对突发事件，难以有效应对 | 优：10<br>良：8～9<br>合格：6～7<br>不合格：0～5 |
| 操作规范 | 优：全程100%的规范操作，没有失误。<br>良：全程90%～100%的规范操作，偶有失误。<br>合格：全程60%～90%的规范操作。<br>不合格：全程未达到60%的规范操作 | 优：10<br>良：8～9<br>合格：6～7<br>不合格：0～5 |
| 质量控制 | 优：成效突出，质量优秀。<br>良：成效明显，质量良好。<br>合格：成效一般，质量合格。<br>不合格：成效较差，质量不合格 | 优：10<br>良：8～9<br>合格：6～7<br>不合格：0～5 |
| 开拓创新 | 优：创新精神强，善于把握创新机遇，能够灵活运用创新方法分析问题、解决问题。<br>良：创新精神较强，能够把握创新机遇，运用创新方法分析问题、解决问题。<br>合格：创新精神一般，可通过创新方法分析问题、解决问题。<br>不合格：缺乏创新精神，不能通过创新方法分析问题、解决问题 | 优：10<br>良：8～9<br>合格：6～7<br>不合格：0～5 |

## 任务1-4 学习笔记

# 项目 2

# 移动 App 界面设计

## 一、学习目标

### （一）知识与技能目标

1. 掌握对用户需求数据的挖掘分析流程和常用方法。
2. 掌握产品信息架构梳理分析的方法。
3. 掌握产品交互框架设计的基础知识与工作流程。
4. 了解产品原型图设计的基础知识。

### （二）过程与方法目标

1. 掌握用户需求分析报告的撰写方法。
2. 了解用户需求研究的一般方法。
3. 掌握产品信息架构的梳理方法。
4. 掌握产品交互线框图的绘制方法。
5. 完成产品交互设计规范文档的撰写。
6. 完成产品自查报告的撰写。
7. 完成产品界面设计规范文档的撰写。
8. 掌握产品原型图设计与制作的常用方法。

### （三）情感态度与价值观目标

1. 培养沟通、审美、观察、想象等核心素养。
2. 建立为用户服务的意识，提高主动沟通协调的能力。
3. 从用户需求出发，提供可行并能提升用户体验的设计解决方案。
4. 在项目实践中，自觉树立社会主义核心价值观。

## 二、工作页

### （一）项目描述

A 公司要开发一款移动 App 产品——“搜食记”。作为 A 公司的界面设计师，如何为这款产品设计用户界面呢？

### （二）任务活动及学时分配

任务活动和学时分配见表 2-1。

表 2-1 任务活动和学时分配

| 序号 | 任务活动 | 学时安排 |
| --- | --- | --- |
| 1 | 用户需求分析 | 4 |
| 2 | 产品概念设计 | 4 |
| 3 | 产品快速原型图制作 | 4 |
| 4 | 产品检查与评价 | 2 |
| 合计 | | 14 |

### （三）工作流程

工作流程框架如图 2-1 所示。

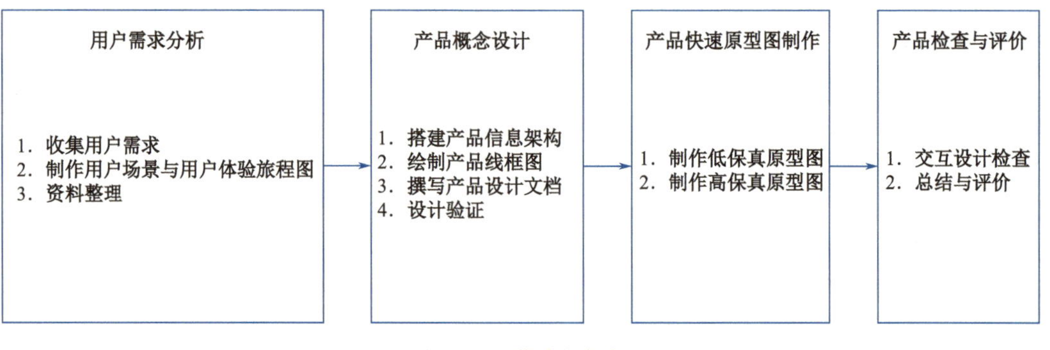


图 2-1 工作流程框架

# 任务 2-1 用户需求分析

## 建议学时

4 学时

## 任务描述

在开始 App 界面设计工作之前，先要通过问卷调查、用户场景与用户体验旅程图等活动开展信息收集与分析，形成用户画像，以此作为后续产品设计工作的科学依据。

## 问题引导

1．如何挖掘用户需求信息？如何整理用户画像信息？

2．如何制作用户场景与用户体验旅程图？

## 任务实施

1．主动参与用户需求收集活动，并及时将相关信息记录在调查表中。

2．以问题为导向进行用户需求调查分析，并完成用户场景与用户体验旅程图。

3．根据用户需求结果，并参考提供的方向路径，独立收集整理信息，寻求解决问题的策略方法。具体工作步骤及要求见表 2-2。

表 2-2 具体工作步骤及要求

| 序　号 | 工作步骤 | 要　求 | 学时安排 | 备　注 |
| --- | --- | --- | --- | --- |
| 1 | 收集用户需求 | 通过实地考察、问卷调查等方法，进行用户画像信息整理 | 2 | |
| 2 | 制作用户场景与用户体验旅程图 | 利用便条贴，在信息收集的基础上制作用户场景与用户体验旅程图 | 1 | |
| 3 | 整理资料 | 通过案例分析，了解 App 界面设计的范式，并寻求解决问题的策略与方法 | 1 | |

### 一、用户需求收集

结合美食移动 App 产品设计，我们根据使用人群、使用环境和使用需求可直接锁定产品的潜在用户群，并根据用户需求制作出产品原型图。用户需求调查表的填写内容见表 2-3。

表 2-3　用户需求调查表

| 序　号 | 问　题 | 调查内容 | 内容记录 |
|---|---|---|---|
| 1 | 您的基本信息 | 年龄 | |
| | | 性别 | |
| | | 爱好 | |
| | | 职业 | |
| | | 受教育程度 | |
| 2 | 您会在什么情况下使用美食移动 App | 陌生环境时 | |
| | | 没有时间时 | |
| | | 没有主见时 | |
| | | 其他 | |
| 3 | 您希望这款美食移动 App 具备怎样的功能 | 美食推荐 | |
| | | 导航 | |
| | | 订餐 | |
| | | 其他 | |

在“线上教学资源”中提供了用户数据样本，请结合收集到的用户需求数据信息，进行用户画像信息整理。用户画像信息框架如图 2-2 所示。

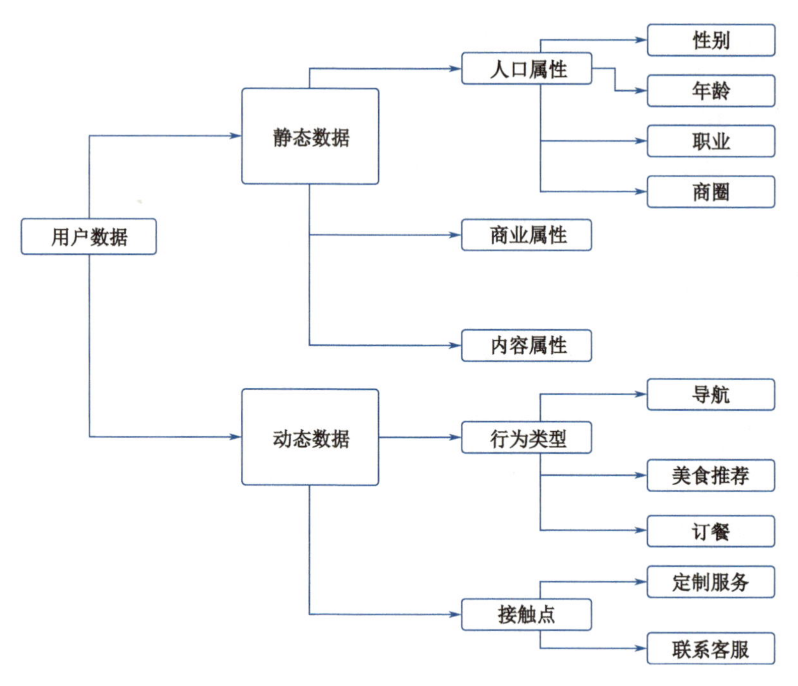


图 2-2　用户画像信息框架

## 二、用户场景与用户体验旅程图制作

（一）用户群确认。从用户视角出发，选择使用产品的某一类用户群。

（二）用户场景确定。何时？何地？什么人？有什么需求？怎么满足需求？

（三）用户访谈。收集用户在每个阶段的具体行为、想法、情绪等，即用户在做什么？用户是怎么想的？用户的感受如何？

（四）用户场景与用户体验旅程图制作。选择用户场景后，先使用一张表进行展示，从用户视角以讲故事的方式，记录用户在使用产品时的一系列行为，包括场景、行为、想法、情绪曲线、痛点、爽点和感受等，再以可视化图形方式进行展示，建议每张图代表一个用户角色。用户场景与用户体验旅程图框架表见表 2-4。

表 2-4　用户场景与用户体验旅程图框架表

| 阶　段 | 美食推荐 | 导　航 | 订　餐 | 定制（前） | 定制（中） | 定制（后） |
|---|---|---|---|---|---|---|
| 场景（用户期望/目标） | | | | | | |
| 行为 | | | | | | |
| 想法 | | | | | | |
| 情绪曲线 | | | | | | |
| 痛点 | | | | | | |
| 爽点 | | | | | | |
| 感受 | | | | | | |
| 体验 | | | | | | |
| 接触点 | | | | | | |

*可以利用便条贴记录访谈用户的想法，并细化梳理进行归类。

***知识小贴士**

用户场景与用户体验旅程图是指从用户角度出发，以叙述故事的方式描述用户使用产品或接受服务的体验情况，以可视化图形的方式进行展示。这部分内容请学习“线上教学资源”中的“用户体验旅程图活动”微课视频。

## 三、资料整理

### （一）资料收集

为了方案的设计工作能够顺利开展，我们可参考下面提供的信息路径，收集相关的美食类资料与设计素材。

信息路径 A——图书馆。

信息路径 B——互联网。

信息路径 C——书店。

信息路径 D——参观设计公司现场。

信息路径 E——寻求有经验的人士帮助。

### （二）典型案例

“搜食记”界面功能设计导图如图 2-3 所示。

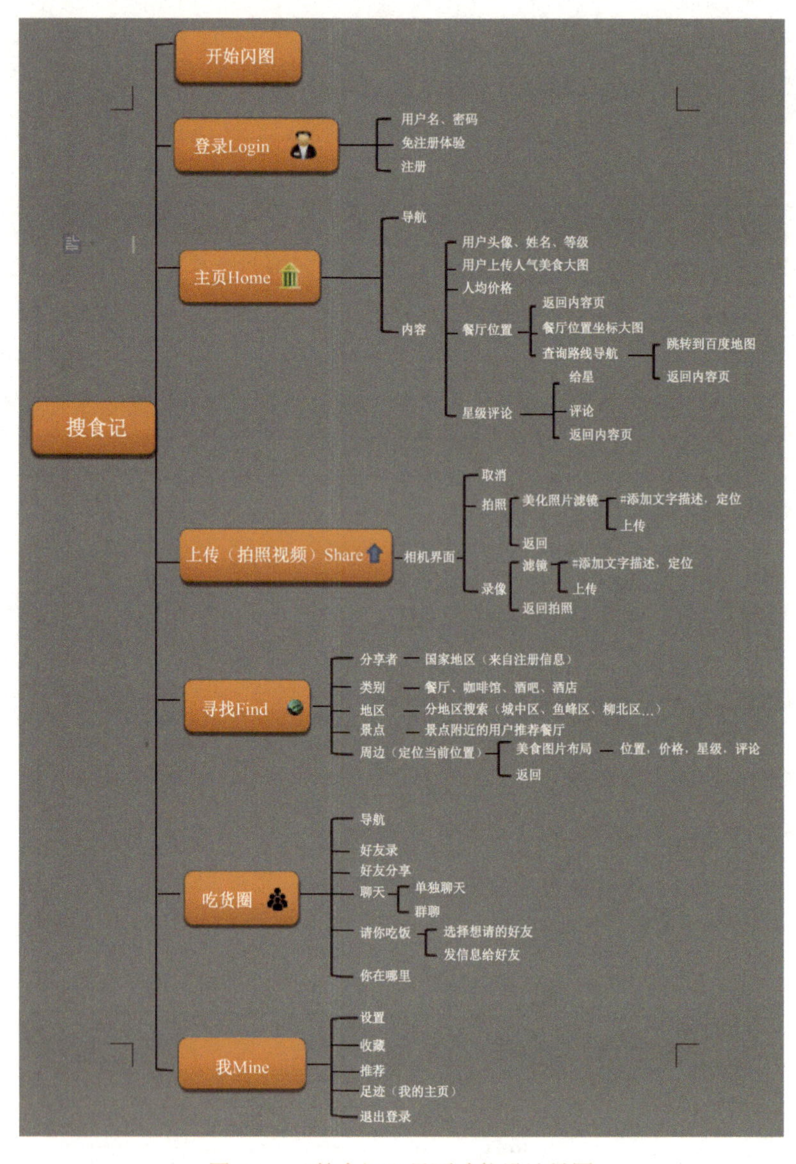


图 2-3 “搜食记”界面功能设计导图

“搜食记”界面原型图如图 2-4 所示。

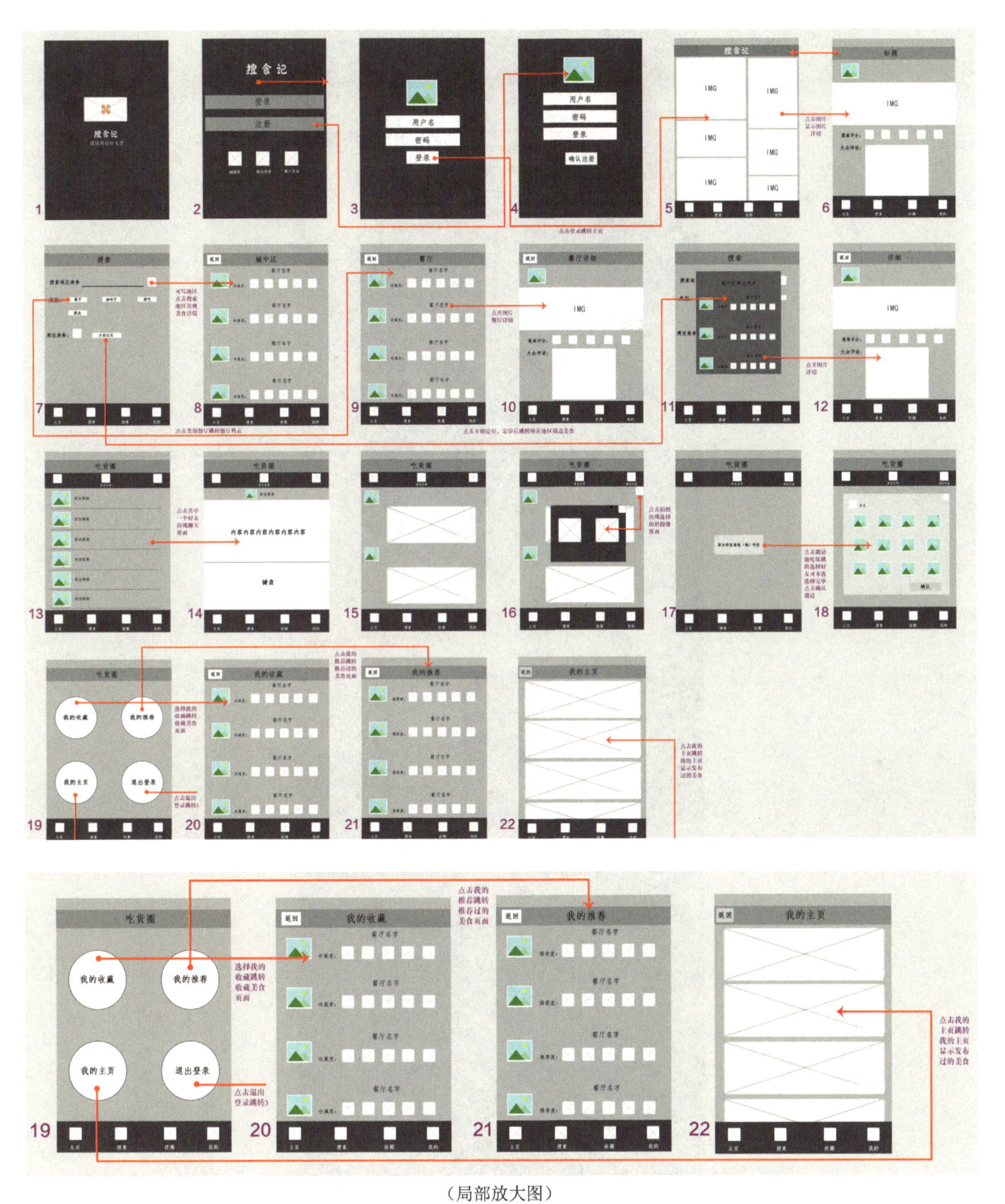


（局部放大图）

图 2-4 “搜食记”界面原型图

"搜食记"界面效果如图 2-5 所示。

图 2-5 "搜食记"界面效果

# 任务 2-2 产品概念设计

## 建议学时

4 学时

## 任务描述

本次产品概念设计先通过线框图的形式完成界面的整体分布，以及界面之间的跳转逻辑表达，再通过设计文档确定产品设计的规范标准，便于后续工作内容的标准化衔接和拓展。

## 问题引导

1．如何绘制线框图？

2．设计验证的作用是什么？

## 任务实施

1．结合用户需求，明确功能模块，搭建产品信息架构。

2．完成产品的界面线框图制作。

3．明确规范标准，撰写产品设计文档。

4．利用自查清单进行设计验证。

具体工作步骤及要求见表 2-5。

表 2-5 具体工作步骤及要求

| 序号 | 工作步骤 | 要求 | 学时安排 | 备注 |
| --- | --- | --- | --- | --- |
| 1 | 搭建产品信息架构 | 明确功能模块，规划各模块中的功能界面分布 | 4 | |
| 2 | 绘制产品的界面线框图 | 选择使用 Axure、Mockplus 等软件，完成界面线框图的制作。通过连线呈现界面之间的跳转逻辑关系 | | |
| 3 | 撰写产品设计文档 | 明确规范标准，撰写产品设计文档 | | |
| 4 | 设计验证 | 在开评审会前，利用自查清单进行设计验证 | | |

### 一、信息架构分析

在“搜食记”界面信息架构的基础上，快速梳理产品功能模块，规划各模块中的功能界面分布，具体任务要求如下。

（一）小组进行界面功能的讨论。

（二）利用绘制软件完成信息架构。

“搜食记”界面信息架构如图 2-6 所示。

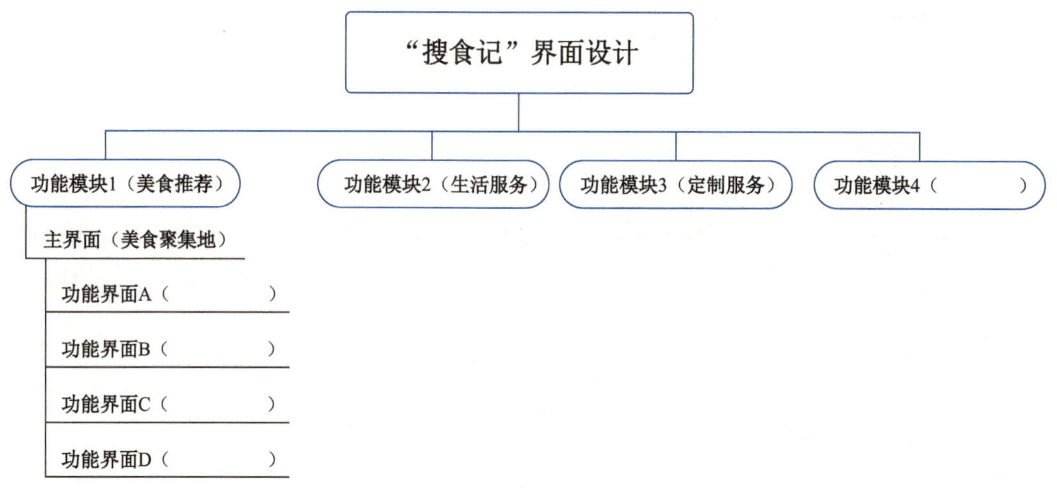


图 2-6　“搜食记”界面信息架构

## 二、绘制产品线框图

在“搜食记”界面信息架构的基础上，我们先使用 Axure 软件、Sketch 软件或传统手绘方式，按下列步骤进行产品线框图的绘制。以 Axure 软件为例，进行线框图绘制。

步骤 1　纸张尺寸与设置。启动 Axure 软件，设置纸张尺寸为 A4，相关设置如图 2-7 所示。

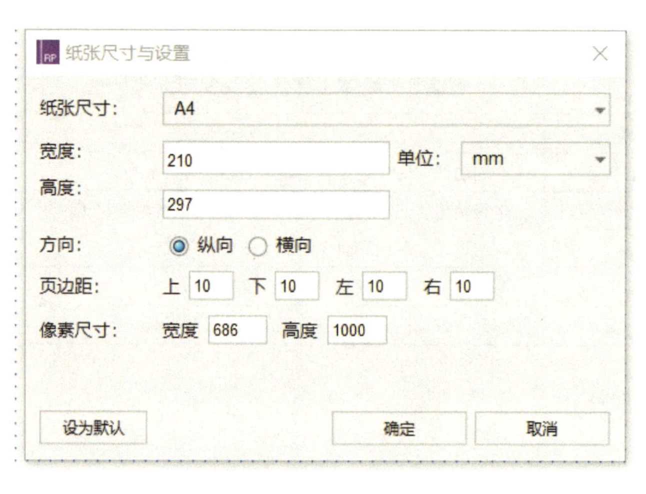


图 2-7　纸张尺寸与设置

步骤 2　设置页面。先选择“元件库”→“标记元件”→“页面快照”，拖入页面元件，再选择其状态，设置属性栏中参数为 x: 0　y: 0　w: 375　h: 667，页面效果如图 2-8 所示。

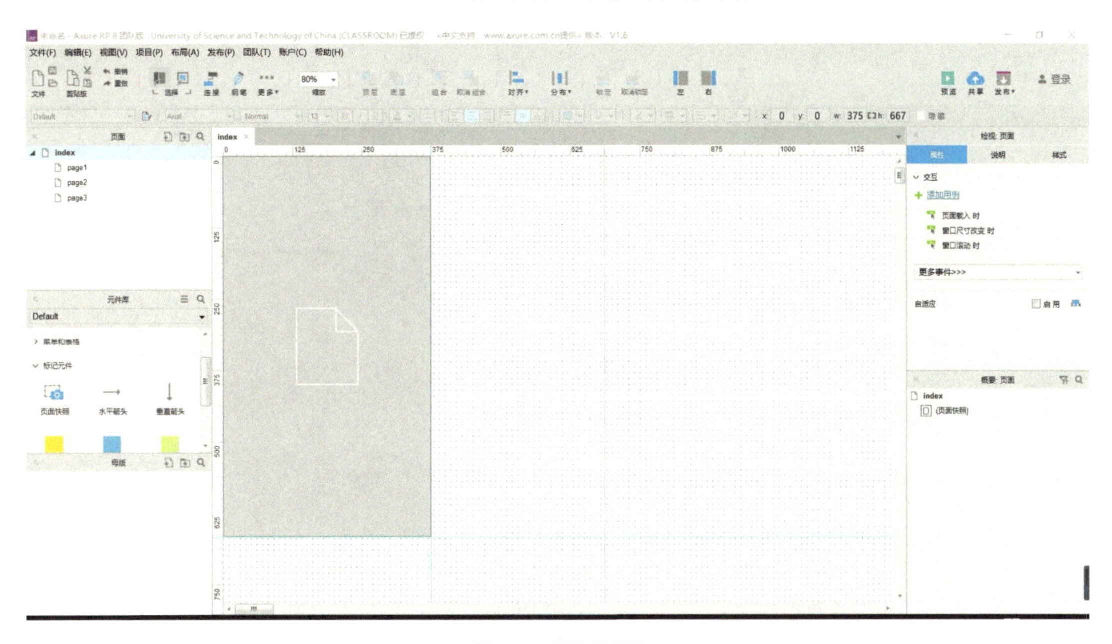


图 2-8　页面效果

步骤 3　设置参考线或组件规格。这里设置组件规格为 375 像素×667 像素，以完成内容框绘制，效果如图 2-9 所示。

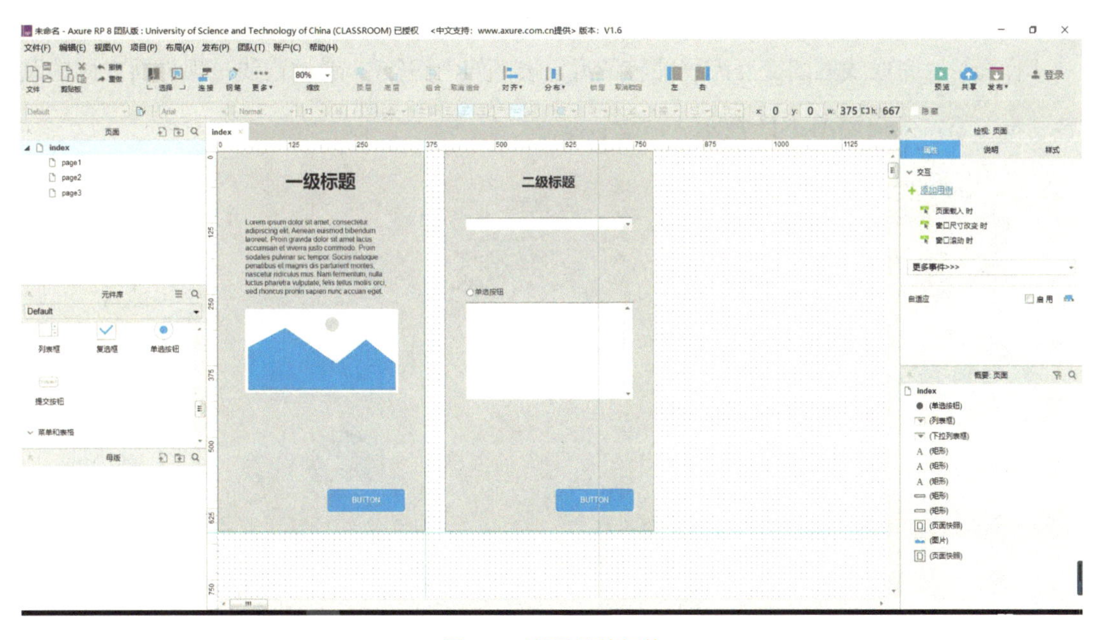


图 2-9　设置组件规格

步骤 4　在内容框中排列文字、图片等相关信息。

步骤 5　添加灰阶颜色。

步骤 6　为线框图添加交互细节描述，效果如图 2-10 所示。

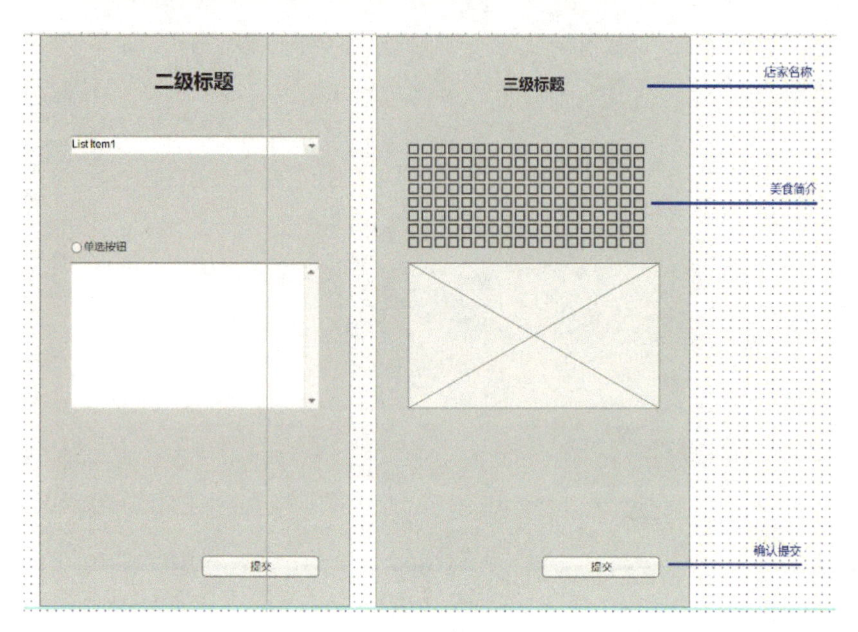


图 2-10　添加交互细节描述的效果

步骤 7　完成所有界面的线框图。

步骤 8　完成线框图后，把线框图打印出来，以验证交互流程的合理性。

步骤 9　完成线框图交互流程的验证后，按不同“任务”，通过连线呈现界面之间的跳转逻辑关系，效果如图 2-11 所示。

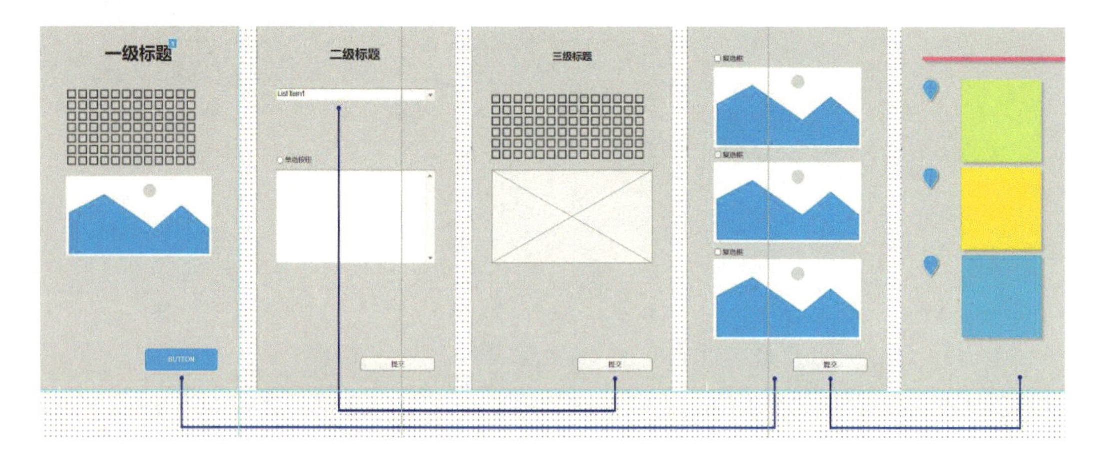


图 2-11　用连线呈现界面之间的跳转逻辑关系

***知识小贴士**

因为线框图中需要包含图片、视频、文本等信息，我们可以使用带斜线的线框来替代具体图片，文本可以用符号替代排版位置。

## 三、撰写产品设计文档

以移动 App 产品设计文档为例，撰写“搜食记”的产品设计规范文档。撰写产品设计文档的规范框架如图 2-12 所示。

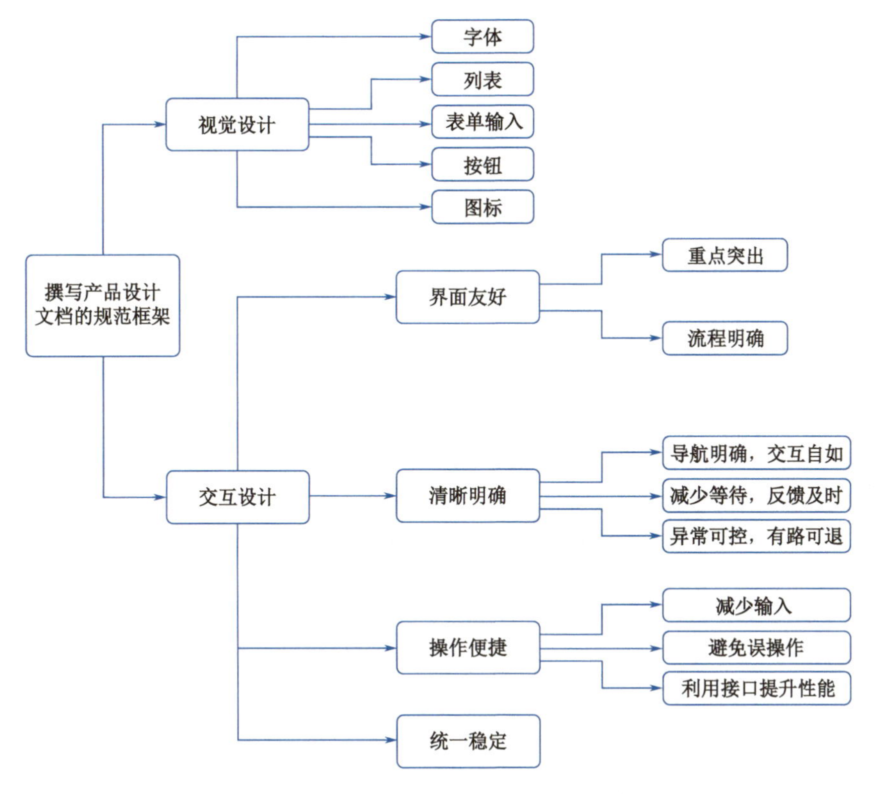


图 2-12 撰写产品设计文档的规范框架

### （一）字体

移动 App 产品的字体应与所运行的系统字体保持一致，常用字号为 22pt、17pt、15pt、14pt、12pt，字体标准如图 2-13 所示。

| Style: PingFang SC（开发用） | Weight | Size | Color | Case |
| --- | --- | --- | --- | --- |
| WCTextStyleHeadline | Medium | 22 | BW_0_Alpha_0.9 | 公众号文章标题、大页面标题 |
| WCTextStyleEmTitle | Medium | 17 | BW_0_Alpha_0.9 | 弹窗标题 |
| WCTextStyleTitle | Regular | 17 | BW_0_Alpha_0.9 | 列表内标题、聊天气泡消息 |
| WCTextStyleEmGroupTitle | Medium | 15 | BW_0_Alpha_0.9 | 看一看分组标题 |
| WCTextStyleGroupTitle | Regular | 14 | BW_0_Alpha_0.5 | tableview分组标题 |
| WCTextStyleBody | Regular | 17 | BW_0_Alpha_0.5 | 表单预设内容、弹窗正文 |
| WCTextStyleText | Regular | 17 | BW_0_Alpha_0.9 | 公众号、大标题页面正文 |
| WCTextStyleEmDesc | Regular | 14 | BW_0_Alpha_0.5 | profile页描述 |
| WCTextStyleDesc | Regular | 14 | Black_Opacity_30 | tableview二级描述 |
| WCTextStyleFootnote | Regular | 12 | Black_Opacity_30 | tableview时间标注 |

图 2-13　字体标准

确定字体的色彩参数，并制作色板标准，字体色彩参数如图 2-14 所示。

图 2-14　字体色彩参数

### （二）列表

列表（a）的效果如图 2-15 所示。

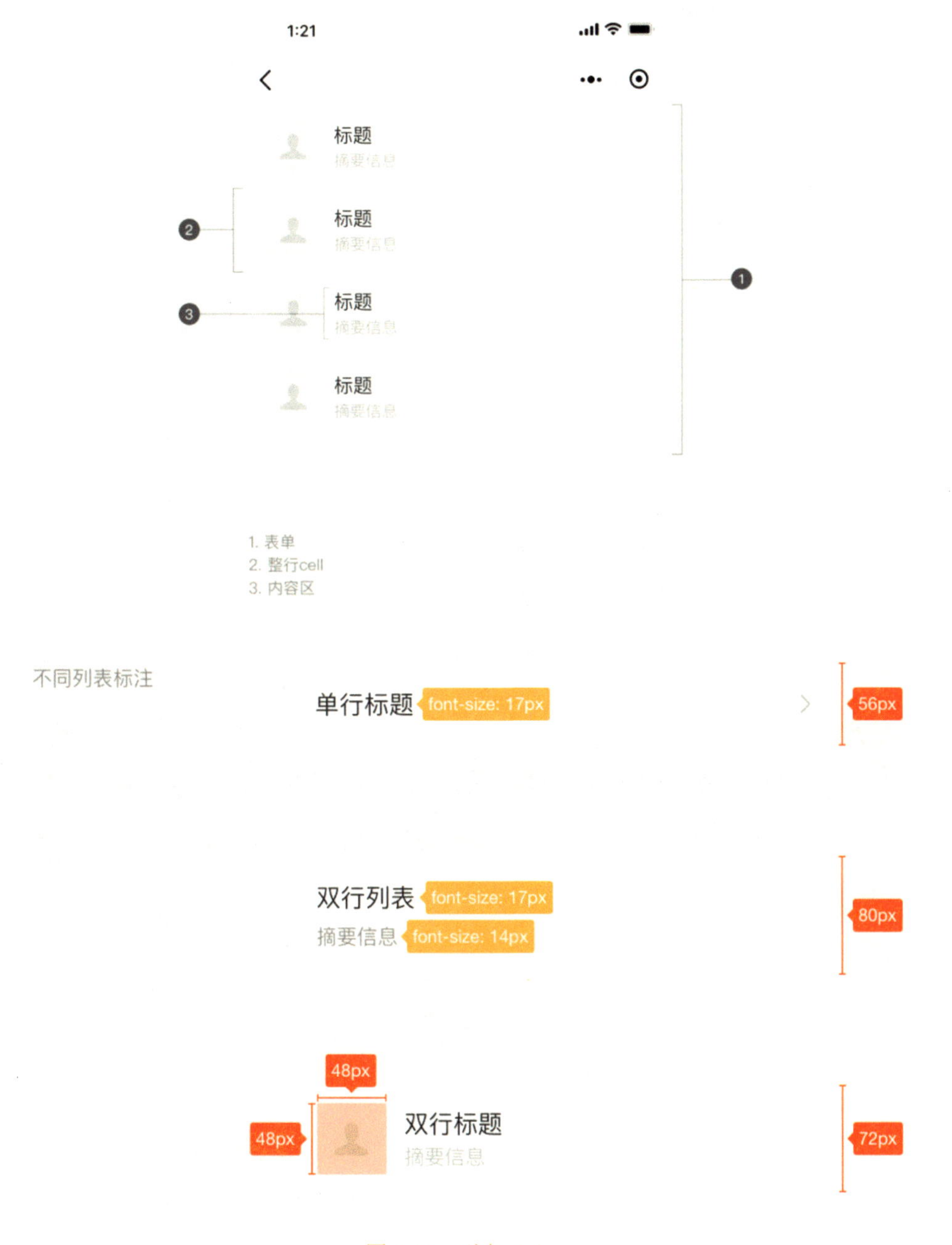


图 2-15　列表（a）

列表（b）的效果如图 2-16 所示。

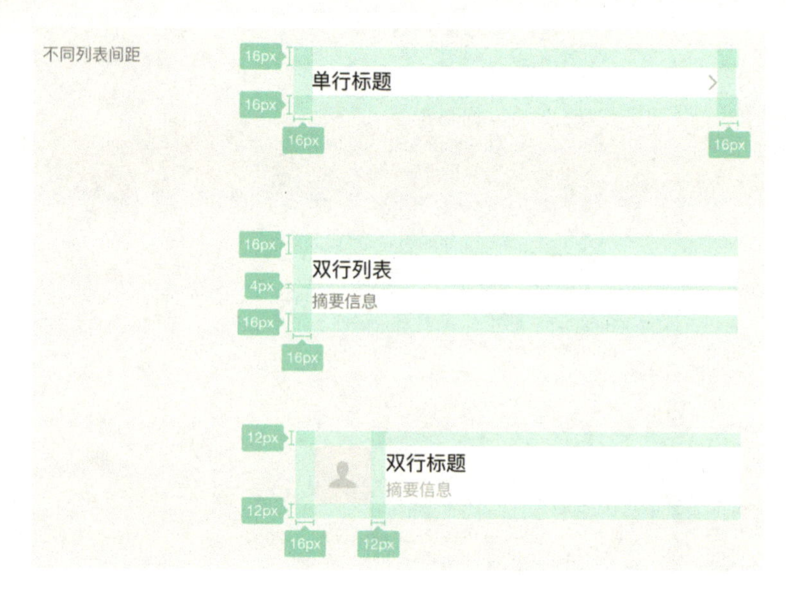


图 2-16　列表（b）

列表（c）的效果如图 2-17 所示。

图 2-17　列表（c）

## （三）按钮

按钮的相关设置如图 2-18 所示。

| | | 正常态 | Hover态 | 点击态 | 禁用态 | 属性 |
|---|---|---|---|---|---|---|
| 大按钮 | | 强调按钮 | 强调按钮 | 强调按钮 | 强调按钮 | 推荐操作使用；在同一页面内只能出现一次 |
| | | 强调按钮 | 强调按钮 | 强调按钮 | 强调按钮 | 次级操作，弱化操作使用 |
| 小按钮 | | 强化 | 强化 | 强化 | 强化 | 列表推荐操作，以及页面右上角强化操作 |
| | | 弱化 | 弱化 | 弱化 | 弱化 | 弱化操作使用 |

图 2-18　按钮的相关设置

按钮制作效果如图 2-19 所示。

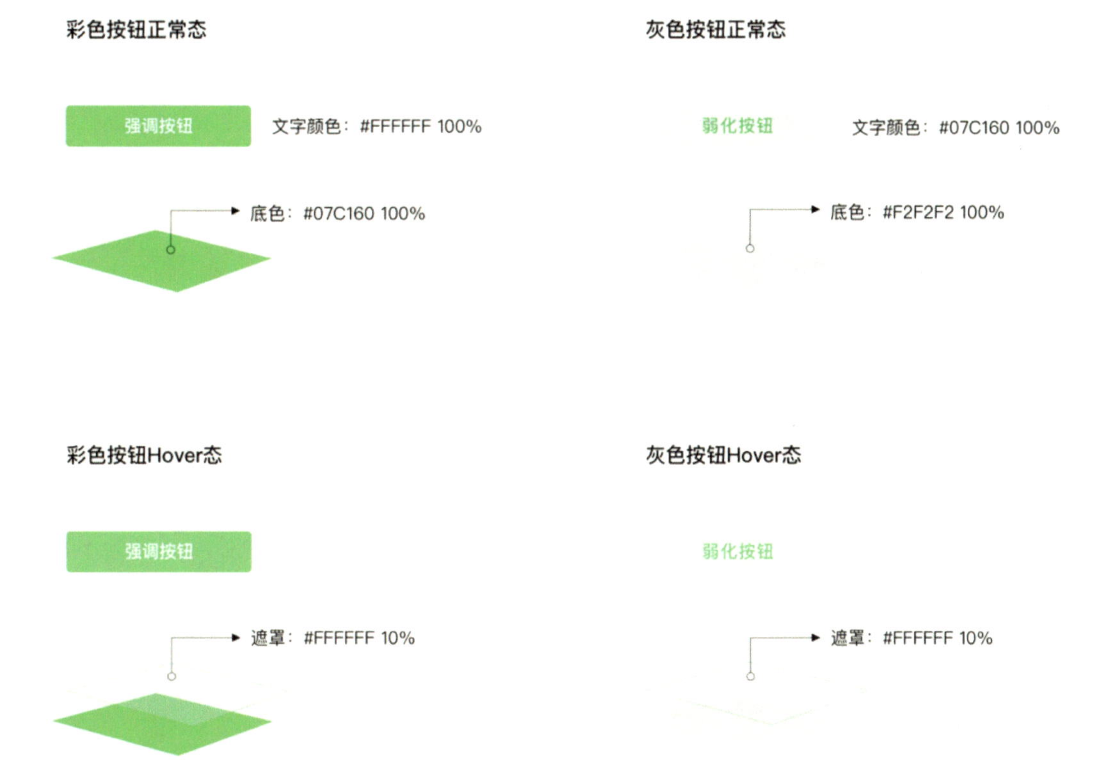


图 2-19　按钮制作效果

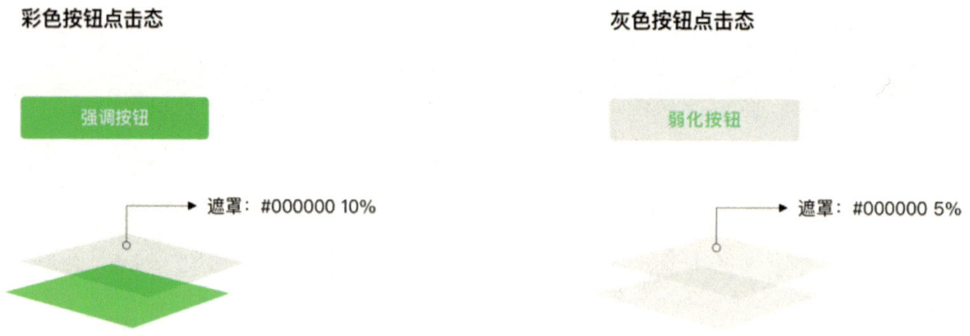

彩色按钮点击态

强调按钮

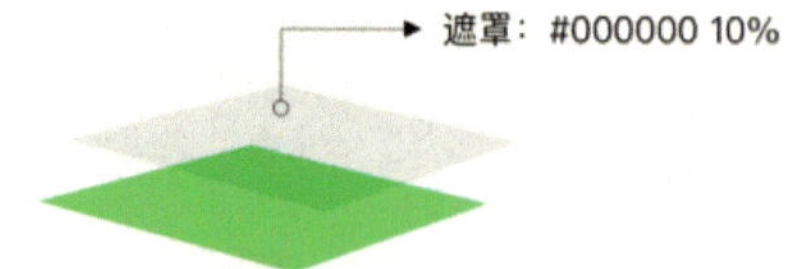


灰色按钮点击态

弱化按钮

遮罩：#000000 5%

图 2-19　按钮制作效果（续）

## （四）图标

图标所表示的信息如图 2-20 所示。

成功

用于表示操作顺利达成

成功

用于表示操作顺利达成

提示

用于表示信息提示，也常用于缺乏条件的操作拦截，提示用户所需信息

提示

用于表示信息提示，也常用于缺乏条件的操作拦截，提示用户所需信息

普通警告

用于表示操作后将引起一定后果的情况

普通警告

用于表示操作后将引起一定后果的情况

强烈警告

用于表示操作将引起严重的后果

强烈警告

用于表示操作将引起严重的后果

等待

用于表示等待

等待

用于表示等待

图 2-20　图标所表示的信息

## 四、设计验证

利用自查清单，我们可对前面的工作进行自查（可以根据项目情况和需要灵活配置自查检测点）。自查清单见表 2-6。

表 2-6　自查清单（a）

| 用户需求与产品目标 | | | |
|---|---|---|---|
| 层　次 | 维　度 | 检　测　点 | 是否达标（达标请打“√”） |
| 目标分析 | 业务目标 | 目标动机是否清晰 | |
| | 用户目标 | 用户场景与用户目标是否明确 | |
| | 产品目标 | 产品描述是否清晰易懂 | |
| | 设计目标 | 是否提出关键词的解读分析 | |
| 用户需求 | 用户细分 | 明确细分用户群 | |
| | 用户画像 | 用户画像是否完整清晰 | |
| | 用户场景 | 场景描述是否准确 | |
| | 用户需求 | 用户核心需求是否清晰 | |
| | | 功能是否覆盖核心需求 | |

表 2-6　自查清单（b）

| 概念设计 | | | |
|---|---|---|---|
| 层　次 | 维　度 | 检　测　点 | 是否达标（达标请打“√”） |
| 信息架构与流程设计 | 信息架构 | 架构是否清晰明了 | |
| | | 架构深度与广度是否平衡 | |
| | | 信息层次分明，优先级是否清晰 | |
| | | 信息分类是否合理 | |
| | | 信息视觉是否符合用户场景视觉 | |
| | 流程设计 | 核心任务流程是否流畅 | |
| | | 子流程和异常流程的设计是否周全 | |
| | | 返回与出口是否符合用户预期 | |
| | | 跳转名称与目的地是否一致 | |
| | | 复杂任务流程是否可保持 | |
| | | 意外退出是否有保存提示 | |
| 页面元素 | 字体与版式 | 使用 1～2 种主要字体 | |
| | | 谨慎使用字重超细的字体 | |
| | | 标题通常分为 H1 到 H6 总计 6 个不同层级，在符合逻辑统一的前提下，确保标题的层级变化最多不超过 4 个 | |
| | | 首屏和登录页面上的大标题，可以用最大级 | |

续表

| 概念设计 | | | |
|---|---|---|---|
| 层　次 | 维　度 | 检 测 点 | 是否达标（达标请打“√”） |
| 页面元素 | 字体与版式 | 英文正文使用 16pt 或 17pt，12pt 可作为最小文本 | |
| | | 标题、链接、按钮等在需要突出显示的字体部分使用粗体 | |
| | | 对文本的色彩要控制好对比度，确保在任何类型的显示器上都可以清晰阅读 | |
| | 间距和边距 | 对于纯大写的字母文本，可额外拉开字母之间的字间距，以提升可读性 | |
| | | 尽量不要采用自动行高，建议将行高拉高一些，以确保整体版面的舒适性和可读性 | |
| | 图片（图标） | 去掉多余的框架和线条 | |
| | | 制作边缘留白的设计时，尽量让其上方的留白更大，可使页面效果更具视觉吸引力 | |
| | | 元素下方的阴影不要使用黑色，可以使用基于表层的、前景的元素来选取阴影的颜色和明暗 | |
| | | 从符号、箭头到 Logo，最好都制作成矢量 SVG 格式，这样视觉效果会更加清晰，还能消耗更少的系统资源，以方便开发人员将其嵌入设计系统中 | |
| | | 确保图标在视觉风格和细节处理的统一，即图标的笔触宽度、边框半径、视觉重量都应该是一致的 | |
| | 数据 | 用户一次接收的信息越少，进行有效操作的可能性就越大。因此循序渐进地呈现信息，能够让用户对于信息的接受性更强 | |
| 组件和控件 | 按钮 | 是否按需求区分使用 | |
| | | 按钮文案是否准确 | |
| | | 按钮状态：默认、经过、点击、选中、加载中等状态是否齐全，样式是否容易区分 | |
| | | 操作前后是否有状态或视觉上的变化 | |
| | | 毁灭性操作按钮是否有特殊标识，如标红 | |
| | 弹窗 | 是否需要操作特殊的视觉效果 | |
| | | 是否有背景遮罩，点击遮罩是否可以关闭弹窗 | |
| | | 是否区分主动作和次动作，主动作是否突出 | |
| | | 有无取消操作 | |
| | 列表、表单输入 | 是否有字数限制 | |
| | | 是否制定了页面滚动方案 | |

# 任务 2-3 产品快速原型图制作

## 建议学时

4 学时

## 任务描述

交互性是原型图的根本，也是它区别于草图、线框图的地方。原型图设计是产品从概念到实体的关键，它在前期用户需求和产品概念设计的基础上，模拟产品交互效果。设计师主要用它来展示设计理念及验证产品，以测试产品设计的可用性和可行性。产品原型图的制作分为低保真和高保真两种类型。

## 问题引导

1．谁来完成交互原型图的制作？

2．选择哪款软件来完成原型图的制作？

3．如何制作产品原型图？

## 任务实施

1．完成低保真原型图的制作。

2．完成高保真原型图的制作。

具体工作步骤及要求见表 2-7。

表 2-7 具体工作步骤及要求

| 序 号 | 工作步骤 | 要 求 | 学时安排 | 备 注 |
| --- | --- | --- | --- | --- |
| 1 | 低保真原型图 | 结合“搜食记”线框逻辑与产品设计规范，利用原型软件完成低保真原型图制作 | 2 | |
| 2 | 高保真原型图 | 结合“搜食记”线框逻辑与产品设计规范，利用原型软件完成高保真原型图制作 | 2 | |

### 一、制作低保真原型图

低保真原型图可以更加快捷地实现创意过程，产品团队能够在低成本投入下，快速地实现协作创新。由于低保真的特征，此类原型图想要传达复杂的动画或转场效果是不现实的，所以它首要的任务是——检查和测试产品功能，而不是完善产品的视觉外观。

请参考案例，结合“搜食记”线框逻辑与产品设计规范，利用原型软件完成低保真原型图设计与制作。低保真原型图如图 2-21 所示。

搜食记

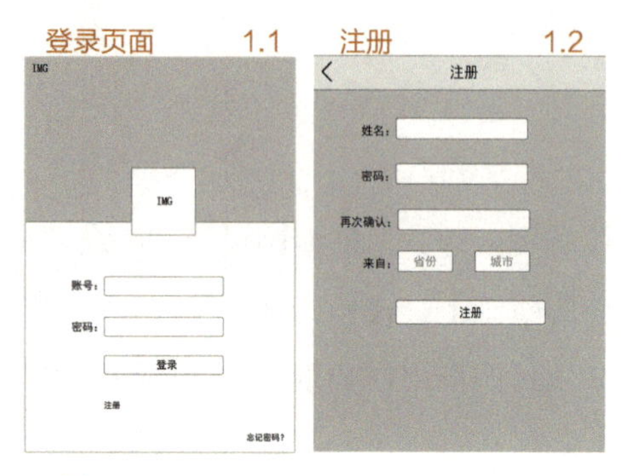


首页

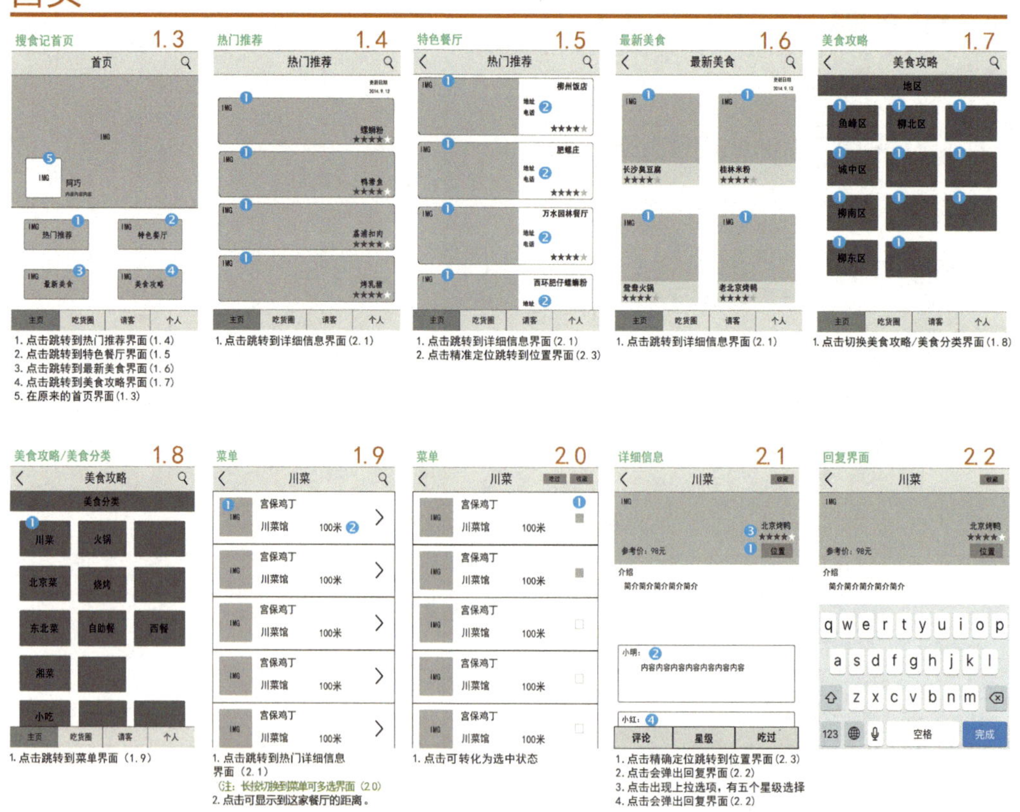


图 2-21　低保真原型图

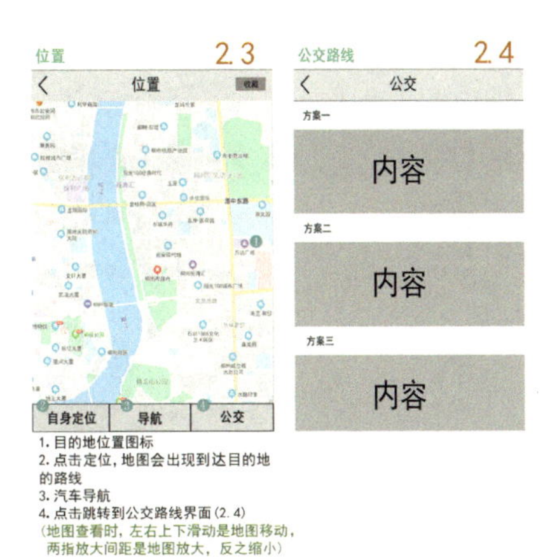


## 首页

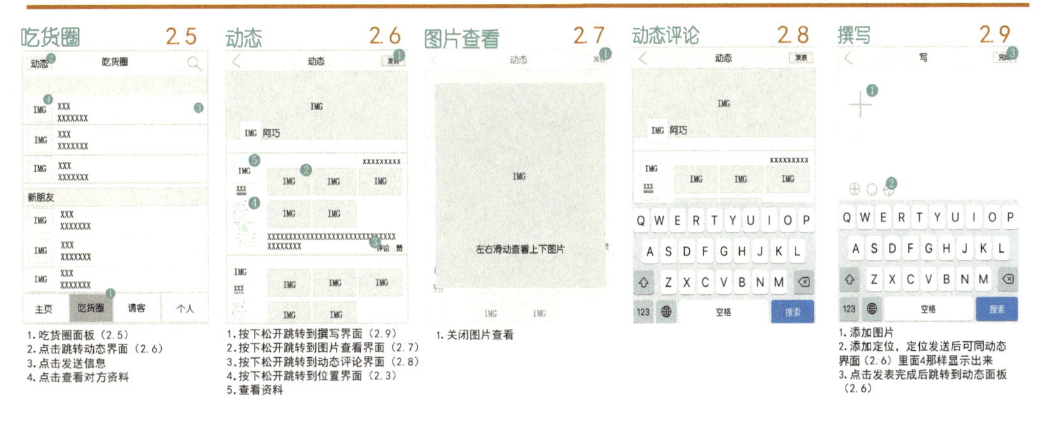


## 请客

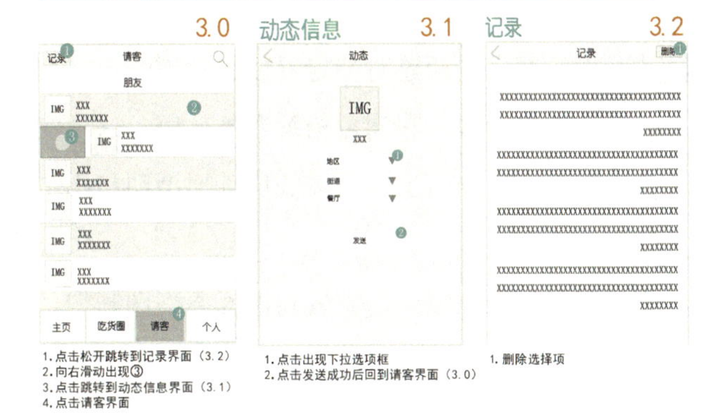


图 2-21　低保真原型图（续）

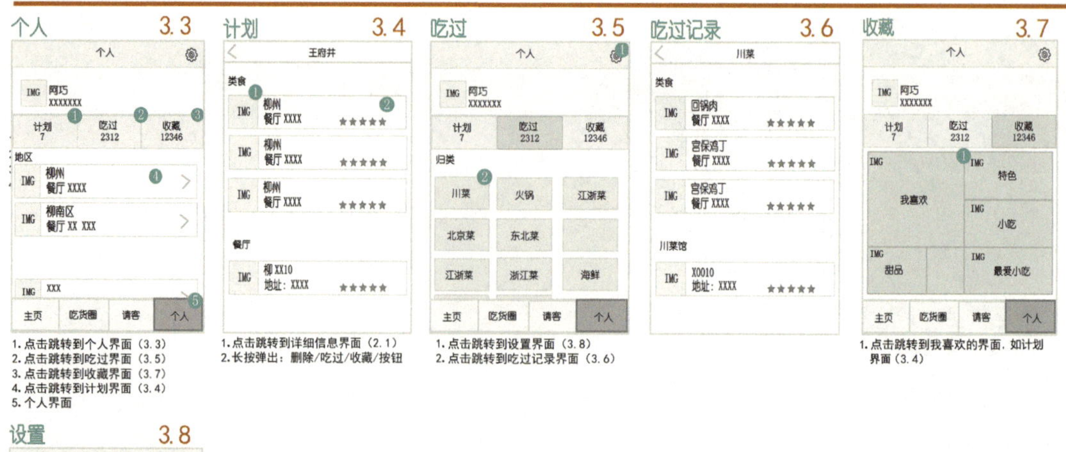


图 2-21 低保真原型图（续）

## 二、制作高保真原型图

对于用户来说，高保真原型图更像是真正的产品。通过对特定界面元素或特定交互功能的测试，借助高保真交互性的效果，可以轻松获得客户和利益相关者的认同。这种类型的原型图能使客户和潜在投资者清楚地了解产品应该如何工作。与低保真原型图相比，创建高保真原型图意味着更高的时间成本和财务成本。

结合“搜食记”线框逻辑与产品设计规范，利用原型软件完成高保真原型图制作，高保真原型图如图 2-22 所示。

图 2-22 高保真原型图

# 任务2-4　产品检查与评价

## 建议学时

2 学时

## 任务描述

本任务既是验证之前的设计，也是对整个项目执行效果的复盘。它是产品质量内控必不可少的一个关键环节。

## 问题引导

1. 为什么要进行产品检查？
2. 由谁来执行产品检查？
3. 交互设计检查包含哪些内容？

## 任务实施

根据产品设计的实际需求，我们可以从产品的架构和导航、布局和设计、内容和易读性、行为和交互 4 个方面进行对照检查，产品检查的工作步骤及要求见表 2-8。

表 2-8　产品检查的工作步骤及要求

| 序　号 | 工作步骤 | 要　求 | 学时安排 | 备　注 |
|---|---|---|---|---|
| 1 | 交互设计检查 | 从产品的架构和导航、布局和设计、内容和易读性、行为和交互 4 个方面进行对照检查 | 1 | |
| 2 | 总结与评价 | 对整个项目的执行进行过程性、结果性的评价 | 1 | |

### 一、产品交互设计检查

我们根据产品的设计结果，对照表 2-9 进行产品交互设计检查。

表 2-9　产品交互设计检查表

| 层　次 | 检　测　点 | 是否达标（达标请打“√”） |
|---|---|---|
| 架构和导航 | 页面结构与布局清晰 | |
| | 用户能熟悉结构，并且新手易于操作 | |

续表

| 层　次 | 检　测　点 | 是否达标（达标请打“√”） |
|---|---|---|
| 架构和导航 | 用户能感知当前页位置 | |
| | 页面结构表达清晰 | |
| | 能快速返回主页面或退出当前页 | |
| | 链接名称与页面名称一一对应 | |
| 布局和设计 | 界面元素和控件识别性高 | |
| | 界面元素和控件之间关系表达正确 | |
| | 主操作区视线流畅 | |
| | 称谓、提示、反馈等文本风格一致 | |
| 内容和易读性 | 文本内容的交流对象面向用户 | |
| | 语言精练、易懂、注重礼节 | |
| | 内容表达一致 | |
| | 重要内容在显著位置 | |
| | 用户需要时提供帮助信息 | |
| | 没有干扰用户视线和注意力的情况 | |
| 行动和交互 | 用户对任务有预知，如任务步骤、所需时间等 | |
| | 任务入口明显 | |
| | 输入/操作限制有明显告知 | |
| | 简化点击次数 | |
| | 跳转界面有冗余 | |
| | 误操作后允许后悔 | |
| | 界面所有操作都必须由用户独立完成 | |

## 二、工作总结与评价

任务完成后我们要针对实施过程中发现的问题，及时进行总结和评价。这将为下一次同类型项目的有效开展总结经验。请按要求撰写项目工作总结，并完成项目评价表。

### （一）撰写工作总结

在小组内每个人先对任务完成情况进行评价总结，再由小组推荐代表向全班做小组总结。评价完成后，根据其他组成员对本组的评价意见进行归纳总结，并完成自评总结的撰写。

要求：①语言精练，无错别字；②编写内容包括任务内容、完成任务后的体会，以及自身的优点、缺点和改进措施；③字数约 1000 字。项目工作总结的内容见表 2-10。

表 2-10　项目工作总结

| | |
|---|---|
| 自评大纲 | 1．我负责的任务是什么？<br>2．我是否按时、按量、按质完成了自己的任务？<br>3．除此之外，我还为团队贡献了什么？<br>4．在完成任务的过程中，我存在哪些不足，主要是什么原因造成的?<br>5．为了弥补任务完成过程中的不足，我还需要哪些支持或帮助？<br>6．在没有外援的情况下，我有哪些解决问题的办法和措施 |
| 自评描述 | 请结合大纲问题，完成自评描述。(可另附页) |

### （二）提交评价表

教师对各小组任务完成情况进行评价。①找出各组的优点进行点评；②对任务完成过程中各组的缺点进行点评，并提出改进方法；③对整个任务完成中出现的亮点和不足进行点评。评价与分析的具体内容见表 2-11。

表 2-11 评价与分析

班级________ 学生姓名____________ 学号__________

| 项目 | 自我评价 | | | | 小组评价 | | | | 教师评价 | | | |
|---|---|---|---|---|---|---|---|---|---|---|---|---|
| | 优 | 良 | 合格 | 不合格 | 优 | 良 | 合格 | 不合格 | 优 | 良 | 合格 | 不合格 |
| | 占总评 10% | | | | 占总评 20% | | | | 占总评 70% | | | |
| 任务 2-1 | | | | | | | | | | | | |
| 任务 2-2 | | | | | | | | | | | | |
| 任务 2-3 | | | | | | | | | | | | |
| 任务 2-4 | | | | | | | | | | | | |
| 政治品德 | | | | | | | | | | | | |
| 职业道德 | | | | | | | | | | | | |
| 安全文明 | | | | | | | | | | | | |
| 操作规范 | | | | | | | | | | | | |
| 质量控制 | | | | | | | | | | | | |
| 开拓创新 | | | | | | | | | | | | |
| 小计 | | | | | | | | | | | | |
| 总评 | | | | | | | | | | | | |

## 三、考核评价标准

考核评价标准的具体内容见表2-12。

表2-12 考核评价标准

| 评价内容 | 评价标准 | 分数 |
|---|---|---|
| 典型工作任务（任务2-1至任务2-4） | 优：充分履行岗位职责，超额完成工作目标任务。<br>良：较好地履行岗位职责，完成工作目标任务。<br>合格：能够履行岗位职责，完成工作目标任务。<br>不合格：未能切实履行岗位职责，没有完成工作目标任务 | 优：25～30<br>良：19～24<br>合格：16～18<br>不合格：0～15 |
| 政治品德 | 优：理论素养高，理想信念、宗旨意识、大局观念强，模范遵守政治纪律。<br>良：理论素养高，理想信念、宗旨意识、大局观念较强，遵守政治纪律（良好）。<br>合格：理念素养、理想信念、宗旨意识、大局观念一般，遵守政治纪律（一般）。<br>不合格：理论素养低，理想信念、宗旨意识、大局观念不强，不能遵守政治纪律 | 优：17～20<br>良：13～16<br>合格：11～12<br>不合格：0～10 |
| 职业道德 | 优：工作高度认真、细致严谨；爱岗敬业，积极组织或参与岗位工作任务，对工作充满激情。<br>良：工作认真，责任心较强；工作比较积极，能按要求组织或参与岗位工作任务。<br>合格：工作比较认真，有一定的责任心；缺乏热情，基本能按要求参与岗位工作任务。<br>不合格：工作不够认真，责任心较差；不能按要求参与岗位工作任务 | 优：10<br>良：8～9<br>合格：6～7<br>不合格：0～5 |
| 安全文明 | 优：风险防范意识强，制定预案及时完备科学有效；面对突发事件，头脑清醒，能够科学分析、敏锐把握事件潜在影响，有效应对突发事件。<br>良：风险防范意识较强，事先制定可行预案；面对突发事件，头脑比较清醒，能够比较科学地分析、较敏锐地把握事件潜在的影响，能应对突发事件。<br>合格：风险防范意识较弱，预案部署不够完备；面对突发事件，不能科学分析、敏锐把握事件潜在影响，应对突发事件能力较弱。<br>不合格：风险防范意识弱，事先没有制定可行预案；面对突发事件，难以有效应对 | 优：10<br>良：8～9<br>合格：6～7<br>不合格：0～5 |
| 操作规范 | 优：全程100%的规范操作，没有失误。<br>良：全程90%～100%的规范操作，偶有失误。<br>合格：全程60%～80%的规范操作。<br>不合格：全程未达到60%的规范操作 | 优：10<br>良：8～9<br>合格：6～7<br>不合格：0～5 |
| 质量控制 | 优：成效突出，质量优秀。<br>良：成效明显，质量良好。<br>合格：成效一般，质量合格。<br>不合格：成效较差，质量不合格 | 优：10<br>良：8～9<br>合格：6～7<br>不合格：0～5 |
| 开拓创新 | 优：创新精神强，善于把握创新机遇，能够灵活运用创新方法分析问题、解决问题。<br>良：创新精神较强，能够把握创新机遇，能够运用创新方法分析问题、解决问题。<br>合格：创新精神一般，基本能够把握创新机遇分析问题、解决问题。<br>不合格：缺乏创新精神，不能通过创新方法分析问题、解决问题 | 优：10<br>良：8～9<br>合格：6～7<br>不合格：0～5 |

# 任务2-5 学习笔记

# 项目 3

# 智能终端界面设计

## 一、学习目标

### （一）知识与技能目标

1．熟悉掌握用户需求分析、方案制定、产品开发、验收交付等工作流程。

2．完成智能终端界面设计的草图、线框图、原型图的制作。

3．理解产品设计文档的视觉设计要求，依据信息的传递需求建立不同类型的视觉流程版式，完成智能终端界面（UI）设计的制作。

### （二）过程与方法目标

1．能通过查阅相关案例的书籍、刊物、数字资源等信息，列举、模仿优秀案例的技巧方法，并进行草图设计。

2．能描述智能终端界面设计使用的设备及工具的名称、种类、用途及其使用方法，并正确使用。

3．能在教师指导下，通过自主学习、合作学习、探究学习等方式，独立完成界面创意方案的策划、设计与执行。

### （三）情感态度与价值观目标

1. 培养沟通、审美、观察、想象等核心素养。
2. 建立为客户服务的意识，提高主动进行沟通协调的能力。
3. 在项目实践中，自觉树立爱国、爱岗积极向上的情感价值观。

## 二、工作页

### （一）项目描述

A 公司是一家科技软件开发公司，计划为 B 社区定制一款针对社区、业主和物业公司的智慧社区自助服务终端系统，其目的是解决社区、业主、物业公司三方协同管理的问题，加强多方联动，整体提升社区服务质量。管理系统开发完毕，社区活动中心将配套智能设备，这样居住在这个社区的业主（特别是老年人）就能选择一些便利的生活服务，例如，预约生活上门服务、物业缴费、活动信息登记、维修问题反馈等。

作为 A 公司的界面设计师，在整个 UI 设计的工作流程中，其岗位职责是帮助公司完成产品的用户图形界面设计工作。

### （二）任务活动和学时分配

任务活动和学时分配见表 3-1。

表 3-1　任务活动和学时分配

| 序　　号 | 任务活动 | 学时安排 |
|---|---|---|
| 1 | 用户需求分析 | 4 |
| 2 | 产品概念设计 | 8 |
| 3 | 产品开发 | 12 |
| 4 | 产品检查与评价 | 2 |
| 合计 | | 26 |

## （三）工作流程

工作流程如图 3-1 所示。

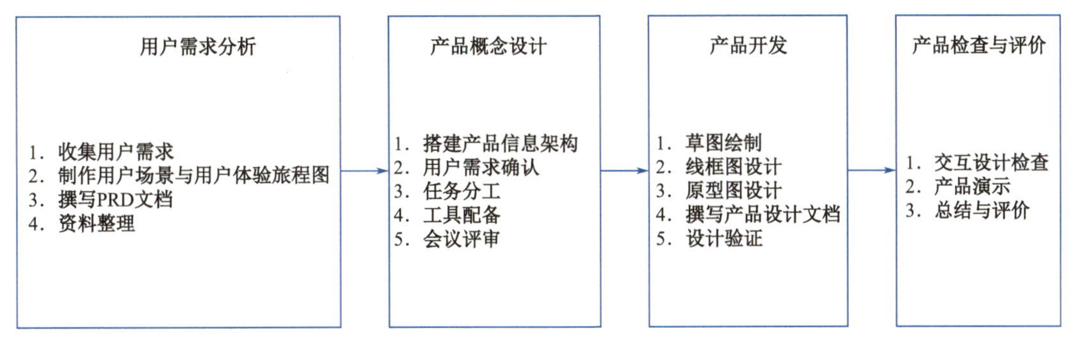


图 3-1 工作流程

# 任务3-1 用户需求分析

## 建议学时

4 学时

## 任务描述

通过问卷调查、用户场景与用户体验旅程图等活动开展信息收集与分析，形成用户画像，撰写 PRD（Production Requirement Document）文档进行用户需求分析，以此作为后期设计工作开展的科学依据。

## 问题引导

如何整理用户需求信息，进行 PRD 文档撰写？

## 任务实施

1. 主动参与需求收集活动，并及时将相关资料记录在调查表中。

2. 以问题为导向进行用户需求调查分析，并完成用户场景与用户体验旅程图。

3. 撰写 PRD 文档。

4. 根据用户需求结论，参考提供的方向路径，独立收集整理资料，寻求解决问题的策略方法。具体工作步骤及要求见表 3-2。

表 3-2 具体工作步骤及要求

| 序号 | 工作步骤 | 要求 | 学时安排 | 备注 |
| --- | --- | --- | --- | --- |
| 1 | 收集用户需求 | 通过调查，收集针对人群、应用环境、运行平台等信息 | 1 | |
| 2 | 制作用户场景与用户体验旅程图 | 通过便条贴，在信息收集的基础上制作用户场景与用户体验旅程图 | 1 | |
| 3 | 撰写 PRD 文档 | 在信息收集的基础上进行需求分析，并撰写 PRD 文档 | 1 | |
| 4 | 整理资料 | 通过案例分析，了解应用界面设计的范式，并寻求解决问题的策略与方法 | 1 | |

## 一、收集用户需求

在产品设计之初，我们先要明确什么人会使用？在什么环境情况下使用？需要怎么使用？调查了解清楚这些问题，将有助于直接锁定产品的潜在用户群，并根据用户需求制作出产品原型。用户需求调查表见表 3-3。

**表 3-3　用户需求调查表**

<table>
<tr><th colspan="4">问　题</th></tr>
<tr><td colspan="4">您认为社区活动中心是否需要配套一些智能设备，使业主能够享受便利的生活服务，如预约生活上门服务、物业缴费、活动信息登记、维修问题反馈等</td></tr>
<tr><td>序号</td><td>问题</td><td>调查内容</td><td>内容记录</td></tr>
<tr><td rowspan="6">1</td><td rowspan="6">您的基本信息</td><td>年龄</td><td></td></tr>
<tr><td>性别</td><td></td></tr>
<tr><td>爱好</td><td></td></tr>
<tr><td>职业</td><td></td></tr>
<tr><td>收入</td><td></td></tr>
<tr><td>受教育程度</td><td></td></tr>
<tr><td rowspan="4">2</td><td rowspan="4">您觉得这些智能设备适合配置在社区的哪些位置</td><td>单元楼口</td><td></td></tr>
<tr><td>物流驿站</td><td></td></tr>
<tr><td>物业办公室</td><td></td></tr>
<tr><td>其他场所</td><td></td></tr>
<tr><td rowspan="5">3</td><td rowspan="5">推荐使用方式</td><td>鼠标键盘</td><td></td></tr>
<tr><td>遥控器</td><td></td></tr>
<tr><td>触摸屏</td><td></td></tr>
<tr><td>手机</td><td></td></tr>
<tr><td>其他方式</td><td></td></tr>
</table>

在“线上教学资源”中，提供了用户数据样本，请结合收集到的用户需求数据信息，进行用户画像信息整理。用户画像信息框架如图 3-2 所示。

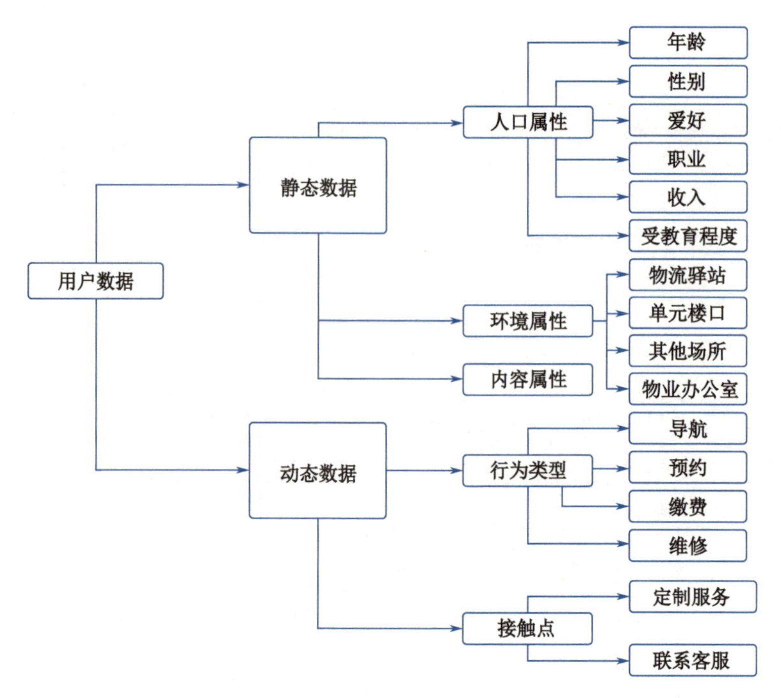


图 3-2　用户画像信息框架

## 二、制作用户场景与用户体验旅程图

（一）用户群确认。从用户视角出发，选择使用产品的某一类用户群。

（二）用户场景确定。何时？何地？什么人？有什么需求？怎么满足需求？

（三）用户访谈。收集用户在每个阶段的具体行为、想法、情绪等，即用户在做什么？用户怎么想的？用户的感受如何？

（四）制作用户场景与用户体验旅程图。选择用户场景后，先使用一张表从用户视角以讲故事的方式，记录用户在使用产品时的一系列行为，其中包括场景、行为、想法、情感曲线、痛点、爽点和感受等，再以可视化图形的方式进行展示，建议每张图代表一个用户角色。用户场景与用户体验旅程图框架表见表 3-4。

表 3-4　用户场景与用户体验旅程图框架表

| 阶　段 | 导　航 | 预　约 | 缴　费 | 定制（前） | 定制（中） | 定制（后） |
| --- | --- | --- | --- | --- | --- | --- |
| 场景（用户期望/目标） | | | | | | |
| 行为 | | | | | | |
| 想法 | | | | | | |
| 情绪曲线 | | | | | | |
| 痛点 | | | | | | |

续表

| 阶　段 | 导　航 | 预　约 | 缴　费 | 定制（前） | 定制（中） | 定制（后） |
|---|---|---|---|---|---|---|
| 爽点 | | | | | | |
| 感受 | | | | | | |
| 体验 | | | | | | |
| 接触点 | | | | | | |

*可以利用便条贴记录访谈用户的想法，并细化梳理进行归类。

***知识小贴士**

用户场景与用户体验旅程图是指从用户角度出发，以叙述故事的方式描述用户使用产品或接受服务的体验情况，以可视化图形的方式进行展示。这部分内容请学习“线上教学资源”中“用户体验旅程图活动”微课视频。

## 三、PRD 文档撰写

结合以上任务中收集的信息进行归纳总结，并撰写产品需求文档，即 PRD 文档。

（1）要求语言精练，描述准确。

（2）撰写内容包括文档历史、文档目录、项目说明、项目策划、统计需求。产品需求文档见表 3-5。

表 3-5　产品需求文档

| 分　类 | 内　容 |
|---|---|
| 文档历史 | |
| 文档目录 | |
| 项目说明 | |
| 项目策划 | |
| 统计需求 | |

***知识小贴士**

PRD 指产品需求文档，是产品项目由“概念化”阶段进入“图纸化”阶段最主要的一个文档，其作用就是对用户需求中的内容进行指标化和技术化。它决定了研发部门能否明确产品功能和性能，可以说是检验项目成果的唯一标准。这部分内容请学习“线上教学资源”中“PRD 文档”的微课视频。

## 四、资料整理

### （一）资料收集

为了方案的设计工作能够顺利开展。我们可以围绕设计构思，参考下面提供的信息路径，收集整理解决问题的相关资料。

信息路径 A——图书馆。

信息路径 B——互联网。

信息路径 C——书店。

信息路径 D——参观设计公司现场。

信息路径 E——寻求有经验的人士帮助。

### （二）典型案例

智慧社区自助服务终端界面设计方案如图 3-3 所示。

图 3-3　智慧社区自助服务终端界面设计方案

图 3-3　智慧社区自助服务终端界面设计方案（续）

# 任务3-2　产品概念设计

## 建议学时

8 学时

## 任务描述

本次任务先以项目组的方式进行合理分工后，通过梳理信息，先搭建框架以明确产品的功能模块，并撰写产品设计文档确定设计规范标准，再通过评审会的方式进行项目计划的论证。

## 问题引导

如何按照一个真实项目的流程完成产品概念到可执行的具体计划方案？

## 任务实施

1．结合用户需求，明确产品信息架构图的功能模块。

2．项目组明确分工，合理分配任务内容。

3．熟悉所需软件和硬件的使用方法。

4．结合前期市场调查数据情况，各项目组撰写产品设计文档，并通过场景模拟，完成产品开发计划评审。具体工作步骤及要求见表 3-6。

表 3-6　具体工作步骤及要求

<table>
<tr><th>序　号</th><th>工作步骤</th><th>要　求</th><th>学时安排</th><th>备　注</th></tr>
<tr><td>1</td><td>制作信息架构图</td><td>结合用户需求，明确产品功能模块，梳理各模块的演示流程</td><td rowspan="2">4</td><td></td></tr>
<tr><td>2</td><td>需求确认</td><td>明确最终需求，并获得客户确认同意</td><td></td></tr>
<tr><td>3</td><td>组员分工</td><td>根据工作任务，明确组员分工</td><td rowspan="3">4</td><td></td></tr>
<tr><td>4</td><td>工具配备</td><td>熟悉所需硬件和软件的使用方法</td><td></td></tr>
<tr><td>5</td><td>会议评审</td><td>结合市场调查数据情况，各项目组撰写产品设计文档，并通过场景模拟，完成产品开发计划的评审</td><td></td></tr>
</table>

## 一、搭建产品的信息架构

通过工作流程的开发思路，在下面信息架构图的基础上，快速梳理产品功能模块，并且规划各模块下的功能界面分布。

任务要求如下。

（一）小组进行界面功能的讨论。

（二）参照功能模块（物业缴费），添加相关内容。

（三）利用 Mockplus 软件模块完成此项任务，并导出树状图。智慧社区自助服务终端界面信息架构如图 3-4 所示。

图 3-4 智慧社区自助服务终端界面信息架构

## 二、用户需求确认

根据该系统界面信息架构的讨论结果，撰写用户需求确认内容，并获得用户（甲方）的确认意见，最终确认用户开发需求。用户需求确认单见表 3-7。

表 3-7　用户需求确认单

<table>
<tr><th colspan="2">项目名称</th><th colspan="4">智慧社区自助服务终端界面开发</th></tr>
<tr><td colspan="2">甲方（用户）</td><td></td><td>联系电话</td><td colspan="2"></td></tr>
<tr><td colspan="2">乙方</td><td></td><td>联系电话</td><td colspan="2"></td></tr>
<tr><td>信息架构</td><td colspan="5"></td></tr>
<tr><td rowspan="2">确认意见</td><td colspan="5"></td></tr>
<tr><td>甲方<br>（用户）签字</td><td></td><td>日期</td><td colspan="2"></td></tr>
</table>

## 三、任务分工

分工非常重要，我们建议分组人数应控制在1～3人为最佳。各工作组的组员岗位分工内容见表3-8。

表3-8　岗位分工表

| 工　号 | 岗　位 | 岗位组员签名 |
| --- | --- | --- |
| 1 | 组长 | |
| 2 | 1号设计师 | |
| 3 | 2号设计师 | |

任务分工后，组员应明确各负其责的内容。请认真填写岗位自我确认表，详细描述自己的工作职责，并在表格的右下方进行签字确认。岗位自我确认表见表3-9。

表3-9　岗位自我确认表

| 我的岗位 | 需要负责的工作（200字左右） | 我的承诺 |
| --- | --- | --- |
| | | 我承诺会坚守岗位，与组员相互协作，并竭尽全力完成相关任务。<br>签名： |

## 四、工具配备

工欲善其事，必先利其器。在正式开始设计工作之前，我们需要配备好所需的硬件和软件，为后续工作的实施提供良好的创作条件。使用的软件和硬件清单见表3-10。

表 3-10　使用的软件和硬件清单

| 软　件 | 硬　件 |
|---|---|
| Mockplus | 计算机 |
| Adobe XD | 手机 |
| Axure | 数码相机 |
| Sketch | 手绘板 |
| Photoshop | 坐标方格纸 |
| Illustrator | 铅笔、黑色水性笔 |
| Dreamweaver | 尺子 |
| Google Chrome、Firefox、IE 高版本、IE Tester | 橡皮擦 |

请将上表的工具名称对应图标填入表 3-11 中，通过互联网检索该工具在界面设计工作中的作用，并进行简单描述。工具清单确认的内容见表 3-11。

表 3-11　工具清单确认表

| 工具名称（请填写） | 图　标 | 界面设计中的作用（请填写） |
|---|---|---|
| | | |
| | Ps | |
| | Ai | |
| | Dw | |
| | | |
| | | |
| | | |

续表

| 工具名称（请填写） | 图　标 | 界面设计中的作用（请填写） |
| --- | --- | --- |
| | | |
| | | |
| | | |
| | | |
| |  | |
| |  | |
| |  | |
| |  | |
| | 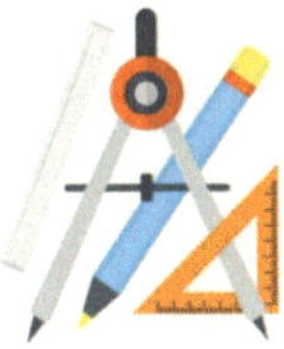 | |
| |  | |

## 五、会议评审

结合市场调查数据，各项目组正式撰写项目实施计划书，并由任课老师指导各组之间进行内容评审，项目实施计划书的撰写要求如下。

（1）语言精练，无错别字。

（2）内容包括项目背景、市场分析、建设内容及风险应对措施等。

（3）字数控制在800～1500字。

项目实施计划书见表3-12。

表3-12　项目实施计划书

| 撰写大纲<br>一、用户需求分析<br>（一）用户画像<br>（二）用户场景与用户体验旅程图<br>（三）产品需求<br>二、项目实施计划<br>（一）产品信息架构<br>（二）产品线框图<br>（三）撰写产品设计文档<br>（四）任务分工<br>（五）项目推进表<br>（六）风险管控<br>（七）其他需要说明的事项 |
|---|
| 项目实施计划（可自行加页） |
| 评审意见 |

*知识小贴士

如何组织评审会议活动，请学习“线上教学资源”中的“评审会议”微课视频。

# 任务3-3 产品开发

## 建议学时

12 学时

## 任务描述

严格按照项目实施计划书的步骤进行产品的草图→线框图→原型图的绘制，完成产品界面设计的流程开发。

## 问题引导

1. 产品的草图、线框图、原型图能够解决产品界面设计的哪些问题？
2. 这三种图在工艺流程上的逻辑关系是怎样的？

## 任务实施

1. 在前期工作讨论的基础上，严格遵循用户确认的需求内容。
2. 认真执行工艺流程，完成产品的开发。具体工作步骤及要求见表 3-13。

表 3-13 具体工作步骤及要求

| 序 号 | 工作步骤 | 要 求 | 学时安排 | 备 注 |
| --- | --- | --- | --- | --- |
| 1 | 绘制草图 | 手绘完成草图的初步构思 | 1 | |
| 2 | 绘制线框图 | 使用 Mockplus、Axure 等软件，完成界面线框图的制作 | 2 | |
| 3 | 绘制原型图 | 使用 Mockplus、Axure 等软件，完成界面原型图的制作 | 4 | |
| 4 | 撰写产品设计文档 | 使用 Sketch、Photoshop 等软件，撰写产品设计文档（视觉设计部分），明确规范标准 | 4 | |
| 5 | 设计验证 | 在开评审会之前，利用自查表清单进行设计验证 | 1 | |

### 一、绘制草图

我们通过草图能对界面设计整体进行初步构思，采用手绘的方式可快速构思产品界面的整体布局。用户操作流程草图如图 3-5 所示。

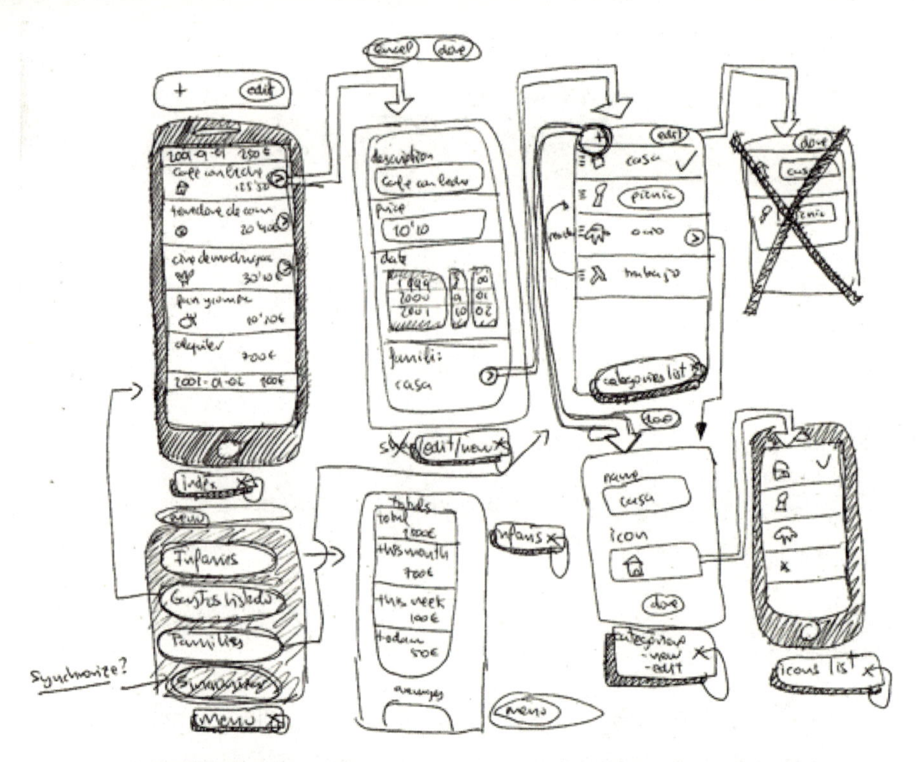

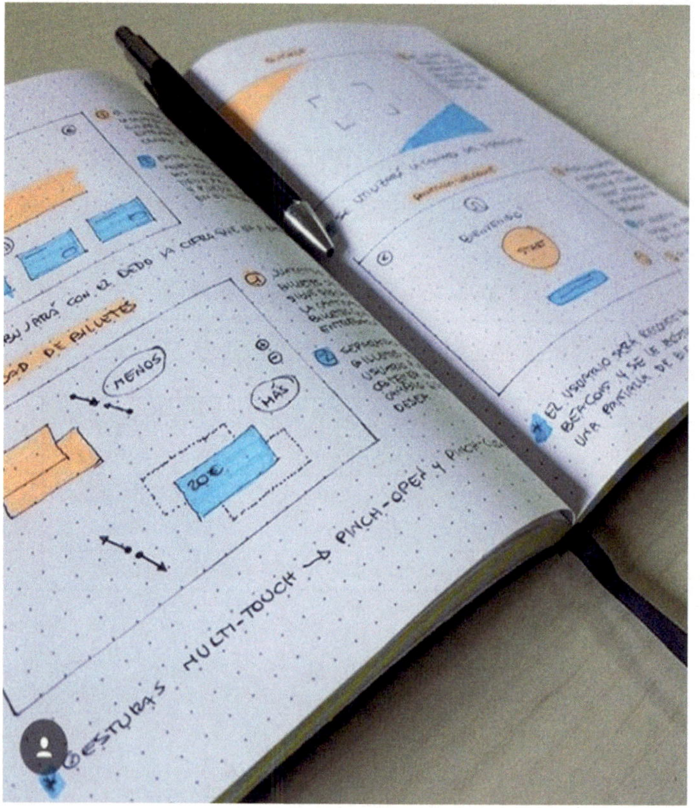

图 3-5　用户操作流程草图

先在图 3-6 所示的区域进行草图绘制，再使用计算机进行设计。

图 3-6　草图绘制区域

## 二、绘制线框图

线框图任务单模板见表 3-14。

表 3-14　线框图任务单模板

| 内容 | 文件格式 | 参考图 |
| --- | --- | --- |
| 线框图 | AI、EPS、SVG | 线框图 |

利用 Mockplus、Axure 等软件提供的组件、图标等内容完成线框图，如图 3-7 所示。

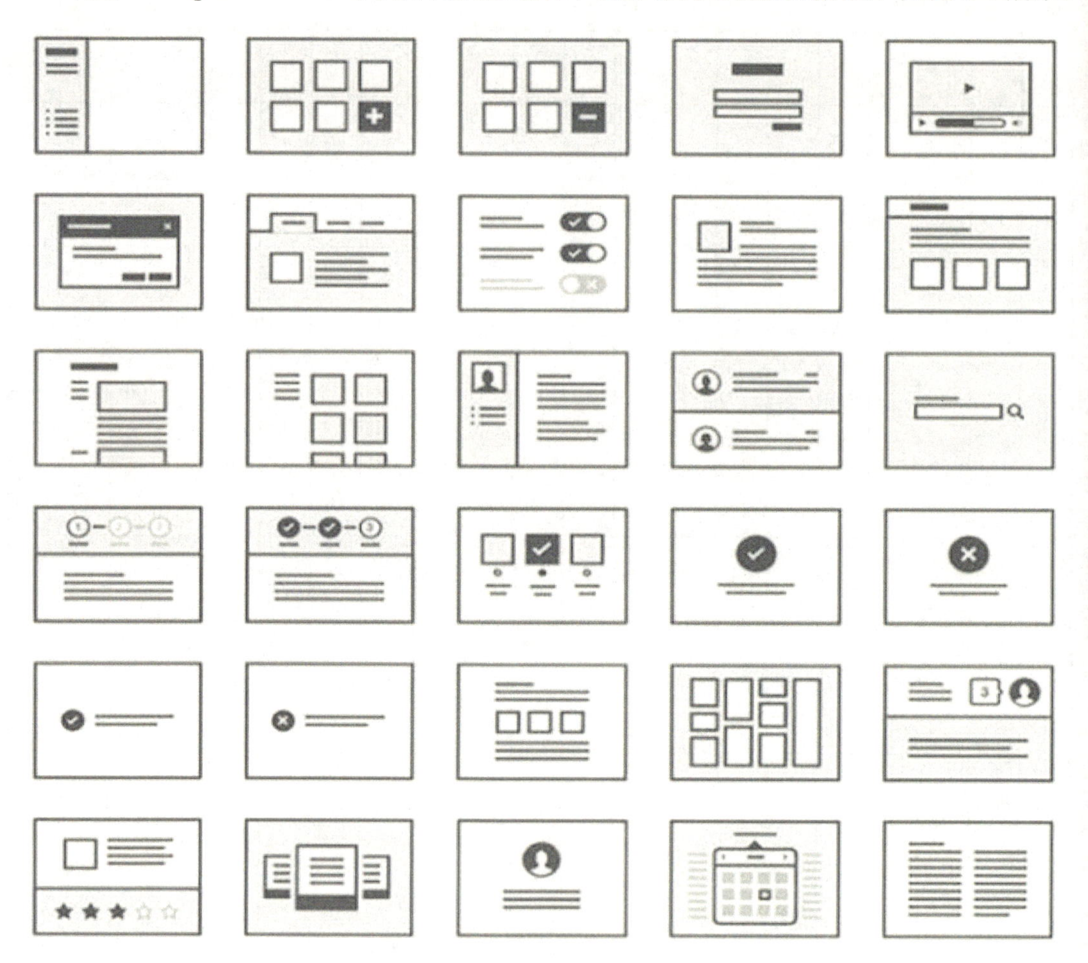

图 3-7　线框图

线框图是产品设计的低保真呈现方式。它的作用包括呈现主体信息群；勾勒出结构和布局；体现用户交互界面的主视觉和描述。正确地创建了线框图之后，它将作为产品的骨干而存在。这部分内容请学习“线上教学资源”中的“线框图”微课视频。

## 三、绘制原型图

在线框图的基础上，我们可以利用 Mockplus、Axure 等软件继续完成原型图的制作，屏幕大小设置为 1080 像素×1920 像素。原型图如图 3-8（a）、图 3-8（b）、图 3-8（c）、

图 3-8（d）、图 3-8（e）、图 3-8（f）、图 3-8（g）、图 3-8（h）所示。

图 3-8 原型图（a）

图 3-8 原型图（b）

图 3-8 原型图（c）

图 3-8 原型图（d）

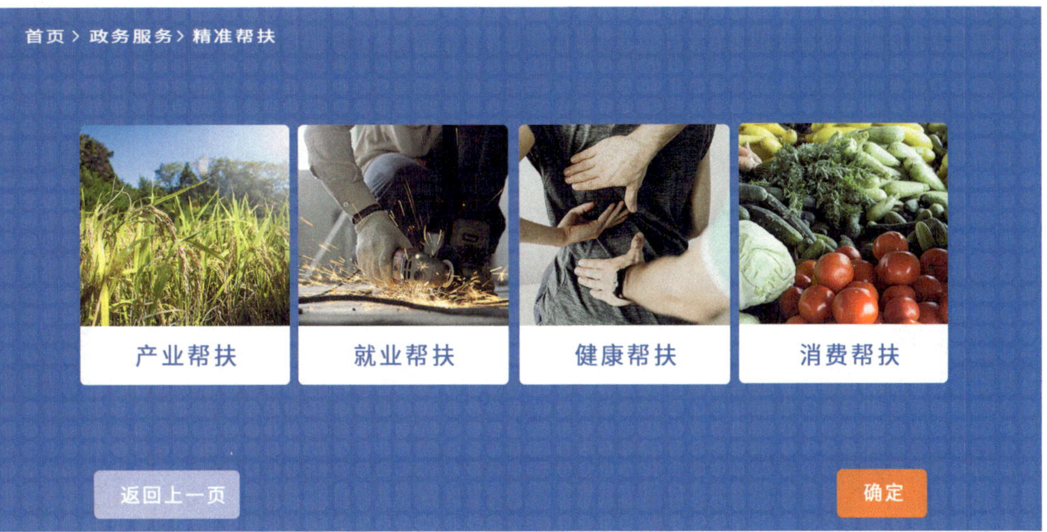


图 3-8 原型图（e）

图 3-8 原型图（f）

智慧社区
WISDOM COMMUNITY

10:40
2022年5月20日 星期五

首页 > 诉求提交

姓名 类型 部门

电话 验证码 获取手机验证码 手机验证 不验证

标题

内容

返回 提交

图 3-8 原型图（g）

图 3-8 原型图（h）

*知识小贴士

我们在制作线框图时，尽量创建可编辑、可重复使用的元素。这样在制作原型图时，我们就可以在之前的基础上精细化这些元素的细节。原型图应模拟用户和界面之间的交互功能，以进行完整的产品体验。这部分内容请学习“线上教学资源”中的“原型图”微课视频。

## 四、撰写产品设计文档

在低保真原型图设计的基础上，我们需要进一步明确风格细节，并梳理、撰写产品设计规范文档（视觉设计部分）。

### （一）素材梳理

为了完善界面的设计细节，我们需要提炼与设计风格相关的关键词，并根据定义的风格范围，整理一些适用的设计素材，如字体、背景图形和组件等元素。与产品风格相关的关键词（参考版）见表 3-15。

表 3-15　与产品风格相关的关键词（参考版）

| 关键词 | 素材类型 | | |
| --- | --- | --- | --- |
| | 组　件<br>（图标、按钮、菜单、提示框、标签） | 背景图形 | 字　体 |
| 科技感 | 芯片、晶体 | 人工智能 | 机械化 |
| 酷、硬 | 电路、光 | 卡漫形象 | 碳纤维 |
| 简易、平面 | 胶囊质感、玻璃质感 | …… | 扁平化 |

*注：建议参考设计类素材网站以及相关优秀案例。

请参考以上范例，确定适合本产品界面设计风格的关键词，并通过网络检索等方法，收集整理对应的素材元素，用于后续的产品界面创意设计中。与产品风格相关的关键词（填写版）见表 3-16。

表 3-16　与产品风格相关的关键词（填写版）

| 关键词 | 素材类型 | | |
|---|---|---|---|
| | 组　件<br>（图标、按钮、菜单、提示框、标签） | 背景图形 | 字　体 |
| | | | |
| | | | |
| | | | |
| | | | |
| | | | |

### （二）方案配色

参考图 3-9 定义的配色方案。我们可以在推荐的网站上，挑选色号的不同组合搭配，并把选好的色号填写在方案色谱表中，见表 3-17。

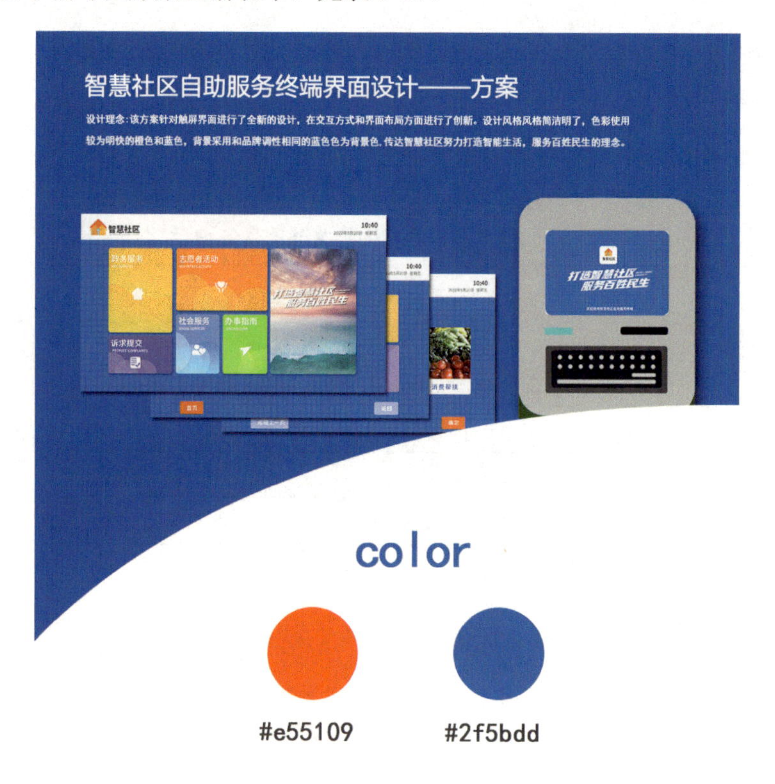


图 3-9　参考案例

表 3-17 方案色谱表

| 色号（举例） | 色 谱 号 | 色 谱 号 | 色 谱 号 | 色 谱 号 |
|---|---|---|---|---|
| #E6B9D4 | | | | |

## （三）效果制作

利用 Sketch、Photoshop 等图形软件按照以下步骤，对已经定稿的方案进行字体、组件、页面效果的优化与完善。

### 1. 字体设计

自行创意完成主界面的字体设计，并存档保存，设置文件格式为 SVG，字体样图如图 3-10 所示。

图 3-10 字体样图

先在表 3-18 中进行字体草图绘制，再使用计算机设计制作。字体草图绘制区域见表 3-18。

表 3-18 字体草图绘制区域

| | | | | | | | |
|---|---|---|---|---|---|---|---|
| | | | | | | | |
| | | | | | | | |

### 2. 组件设计

（1）图标设计。新建 900 像素×900 像素的文件，自行创意完成图标设计，并存档保存，设置文件格式为 SVG，图标样图如图 3-11 所示。

图 3-11　图标样图

先在下面区域进行草图绘制，再使用计算机设计制作。

（2）按钮设计。新建 900 像素×900 像素文件，自行创意完成按钮设计，并存档保存，设置文件格式为 SVG，按钮样图如图 3-12 所示。

图 3-12　按钮样图

先在下面区域进行草图绘制，再使用计算机设计制作。

### *知识小贴士

按钮控件有 3 种状态，包括常态、点击状态和不可用状态。通常情况下，按钮的点击状态是在正常颜色值的基础上设置透明度为 50%。不可用状态的按钮设置为#ccccccc，按钮控件描边为 1 像素，圆角大小为 8 像素。

（3）提示框设计。通过创意完成提示框的设计，设置其大小为 1080 像素×1920 像素，并保存为 SVG 格式文档。提示框样图如图 3-13 所示。

图 3-13　提示框样图

先在下面区域进行草图绘制，再使用计算机设计制作。

（4）菜单设计。通过创意完成菜单的设计，其尺寸设置为 1080 像素×1920 像素，并保存为 SVG 格式文档。菜单样图如图 3-14 所示。

图 3-14　菜单样图

先在下面区域进行草图绘制，再使用计算机进行设计制作。

3. 页面设计

（1）启动页。通过创意完成启动页的设计，其尺寸设置为1080像素×1920像素，并保存为SVG格式文档。启动页样图如图3-15所示。

图3-15　启动页样图

先在下面区域进行草图绘制，再使用计算机进行设计制作。

*知识小贴士

启动页又称为“闪屏页”，是系统进入时用户最先看见的界面，其往往停留的时间仅有 1 秒。如何在 1 秒内吸引住用户的目光，是设计师考虑的关键问题。通常在启动页的设计中会植入广告宣传的内容。

（2）空白页。通过创意完成空白页的设计，其尺寸设置为 1080 像素×1920 像素，并保存为 SVG 格式文档。空白页样图如图 3-16 所示。

图 3-16 空白页样图

先在下面区域进行草图绘制，再使用计算机进行设计制作。

*知识小贴士

空白页是指在网络出现问题时，导致无有效内容信息的页面。

（3）首页。结合创意思考，利用软件完成首页设计的制作，其尺寸设置为 1080 像素 × 1920 像素，并保存为 SVG 格式文档。首页样图如图 3-17 所示。

图 3-17　首页样图

先在下面区域进行草图绘制，再使用计算机进行设计制作。

在新建页面设置中，需要设置全屏图片尺寸及首屏参考线的标准，见表 3-19。

表 3-19　全屏图片尺寸及首屏参考线标准

| 图片尺寸（像素） | 首屏参考线高度参考值（像素） | 可视区、核心内容区安全高度参考值（像素） |
| --- | --- | --- |
| 1280×850 | 850 | 620 |
| 1366×768 | 768 | 560 |
| 1680×1050、1440×900 | 900 | 710 |
| 1920×1080、1920×1200 | 1080 | 855 |
| 2560×1600、2880×1800 | 1600 | 1220 |

（4）列表页，以单列表为例。通过创意完成列表页的设计，其尺寸设置为 1080 像素×1920 像素，并保存为 SVG 格式文档，列表页样图如图 3-18 所示。

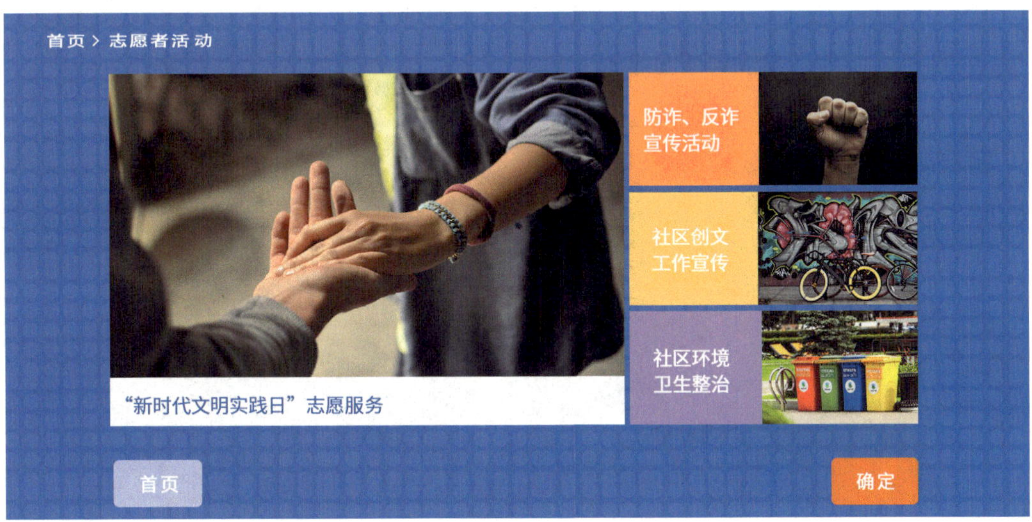


图 3-18　列表页样图

先在下面区域进行草图绘制，再使用计算机设计制作。

（5）详情页。通过创意完成详情页的设计，其尺寸设置为1080像素×1920像素，并保存为SVG格式文档。详情页样图如图3-19所示。

图3-19 详情页样图

先在下面区域进行草图绘制，再使用计算机设计制作。

***知识小贴士：**

由于详情页的设计侧重图文内容信息的可读性和识别性，所以应选择字号突出的标题和内容，便于引导受众的阅读习惯与操作行为。

（6）可输入页面。通过创意完成可输入页面的设计，其尺寸设置为 1080 像素×1920 像素，并保存为 SVG 格式文档。可输入页面图如图 3-20 所示。

图 3-20 可输入页面图

先在下面区域进行草图绘制，再使用计算机设计制作。

*知识小贴士

在界面设计过程中应基于设备的实际分辨率大小。例如，设计常规的参考值为 1080 像素×1920 像素。结合项目实际需求，可根据表格中提供的页面安全尺寸完成效果图的页面设置，界面尺寸见表 3-20。

表 3-20　界面尺寸

| 分辨率（像素） | 安全宽度范围（像素） | 推荐值 | |
|---|---|---|---|
| | | 宽度（像素） | 高度（像素） |
| 1024×768 | 980～1002 | 980 | 548 |
| 1280×800 | 1190～1200 | 1190 | 580 |
| 1366×768 | 1200～1331 | 1200 | 548 |
| 1440×900 | 1200～1405 | 1200 或 1331 | 680 |
| 1920×1080 | 1200～1405 | 1200 或 1331 | 855 |
| 2560×1600 | 1689～1885 | 1689 | 1220 |

4．输出

请参考以下视觉流程版式，将已完成的设计进行整体流程版式的排版，并编辑产品设计文档，完成视觉设计部分的编排。视觉流程样图如图 3-21 所示。

控件展示
政务服务
志愿者活动
社会服务
办事指南
诉求提交
颜色规范
主色调
辅助色
文本色
BUTTON展示
常态状态
点击状态
禁用状态
返回
确定
预约取号
身份证取号
社保卡取号
手机验证码取号
IOCN展示
字体展示
中文字体：Source Han Sans
正文：REGULAR
标题：MEDIUM
解释：LIGHT
页面展示
启动页
纯背景+图标/SLOGAN,简单有力的宣传产品品牌、传递产品服务理念、加深用户对产品印象。
智慧社区
打造智慧社区
服务百姓民生
首页
主要功能入口采用瓷片的方式，页面看起来更整洁，布局更加灵活。结合用户使用率最高的几个功能和产品需求以及用户自左往右的使用习惯,排列各功能顺序。达到了功能明确、清晰高效使用，减少操作成本的效果。
预约取号页面
弹窗设计，自定义选择取号方式；情绪化用色，如该版块选用橙色符合身份证取号，该界面放三个瓷片，使得整个版面简洁明了易操作


图 3-21 视觉流程样图

## 五、设计验证

利用自查清单，对前面的工作进行自查（可以根据项目情况和需要灵活配置自查检测点），对达标项打“√”。自查清单见表 3-21。

表 3-21 自查清单

| 序号 | 项目 | 检测点 | 是否达标（达标请打“√”） |
|---|---|---|---|
| 1 | 字体版式 | 不超过两种主要字体 | |
| | | 纯大写的字母文本，要额外拉开字母之间的字间距，以提升可读性 | |
| | | 字重超细的字体谨慎使用，应不影响用户的清晰阅读 | |
| | | 标题通常分 H1 到 H6 个不同层级，在符合逻辑统一的前提下，确保标题的层级变化最多不超过 4 个 | |
| | | 首屏和登录页面上的大标题，可以用最大级 | |
| | | 英文文本的正文使用 16px 或 17px 大小，12px 可作为最小文本 | |
| | | 尽量不要在行高上采用自动行高。尤其是涉及大量文本的时候，建议将行高拉高一些，确保整体版面的透气性和可读性 | |
| | | 标题、链接、按钮等在需要突出显示的字体部分使用粗体 | |
| | | 对文本的色彩应控制好对比度，确保任何类型的显示器上都可以清晰阅读 | |
| 2 | 间距和边距 | 留白的变化有助于厘清元素之间的关系，可提供节奏感，增加平衡感 | |
| | | 去掉多余的框架和线条 | |
| | | 用户一次接收的信息越少，进行有效操作的可能性就越大。因此循序渐进地呈现信息，能够让用户对于信息的接受性更强。紧密局促的布局已不符合主流审美和日常需求 | |
| | | 设计海报、导航条或卡片等元素时应注意边缘留白的设计。尽量让其上方的留白更大，这样可让视觉效果更加稳当，并且具有视觉吸引力 | |
| 3 | 配色和图像 | Logo、图像、图标、背景这些元素决定了整个设计给人的感受，所以在设计时，需要有针对性地挑选和优化 | |
| | | 元素下方的阴影不要用黑色，要基于表层的、前景的元素来选取阴影的颜色和明暗 | |
| | | 一个舒适的阴影效果是通过多个阴影叠加成的，例如，先用一个小且明确的阴影，位于元素正下方，再使用一个阴影进行模糊、弥散处理，使其透明度更高，最后把它们进行叠加 | |
| | | 从符号、箭头到 Logo 都制作成矢量 SVG 格式，以方便开发人员嵌入设计系统当中 | |
| | | 在清晰度越来越高的视网膜屏幕上，SVG 格式的矢量图形元素不仅更加锐利，而且消耗的系统资源更少 | |
| | | 确保图标在视觉风格和细节处理的统一，形成一个风格。这意味着图标的笔触宽度、边框半径、视觉重量都应该是一样的 | |

# 任务3-4 产品检查与评价

## 建议学时

2学时

## 任务描述

本任务是对整个项目执行效果的复盘。这是产品质量内控必不可少的一个关键环节。

## 问题引导

1. 为什么要进行产品检查？
2. 由谁来执行产品检查？
3. 交互设计检查包含哪些内容？

## 任务实施

根据产品设计的实际需求，我们可以从产品的架构和导航、布局和设计、内容和易读性、行为和交互4个方面对照检查，具体工作步骤及要求见表3-22。

表3-22 具体工作步骤及要求

| 序号 | 工作步骤 | 要求 | 学时安排 | 备注 |
| --- | --- | --- | --- | --- |
| 1 | 交互设计检查 | 从产品的架构和导航、布局和设计、内容和易读性、行为和交互4个方面对照检查 | 0.5 | |
| 2 | 产品演示 | 各小组向大家进行演讲展示成果 | 1 | |
| 3 | 总结与评价 | 对整个项目的执行进行过程性、结果性的评价 | 0.5 | |

### 一、产品交互设计检查

我们根据产品的设计结果，对照表3-23进行产品交互设计检查。

表 3-23　产品交互设计检查表

| 层　次 | 检 测 点 | 是否达标（达标请打“√”） |
|---|---|---|
| 架构和导航 | 页面结构与布局清晰 | |
| | 用户能熟悉结构，并且新手易于操作 | |
| | 用户能感知当前页位置 | |
| | 页面结构表达清晰 | |
| | 能快速返回主页面或退出当前页 | |
| | 链接名称与页面名称一一对应 | |
| 布局和设计 | 界面元素和控件识别性高 | |
| | 界面元素和控件之间关系表达正确 | |
| | 主操作区视线流畅 | |
| | 称谓、提示、反馈等文本风格一致 | |
| 内容和易读性 | 文本内容的交流对象面向用户 | |
| | 语言精练、易懂、注重礼节 | |
| | 内容表达一致 | |
| | 重要内容在显著位置 | |
| | 用户需要时提供帮助信息 | |
| | 没有干扰用户视线和注意力的情况 | |
| 行动和交互 | 用户对任务有预知，如任务步骤、所需时间等 | |
| | 任务入口明显 | |
| | 输入/操作限制有明显告知 | |
| | 简化点击次数 | |
| | 跳转界面有冗余 | |
| | 误操作后允许后悔 | |
| | 界面所有操作都必须由用户独立完成 | |

## 二、产品演示

我们需要制作 PPT 课件，向客户进行产品演示的实施环节。产品演示步骤及要求见表 3-24。

表 3-24　产品演示步骤及要求

| 序　号 | 实施步骤 | 要求说明 | 备　注 |
|---|---|---|---|
| 1 | 人员分工 | 根据项目情况配备人员 | |
| 2 | 资料整理 | 针对用户需求分析、原型导图、分工情况、项目推进情况、产品效果等资料进行整理 | |
| 3 | PPT 制作 | 按照汇报逻辑完成 PPT 课件制作 | |
| 4 | 汇报演示 | 面向客户进行项目产品汇报演示 | |

## 三、工作总结与评价

任务完成后，我们要针对实施过程中发现的问题，及时进行总结和评价。这将为下一次同类型项目的有效开展总结经验。请按要求撰写项目总结报告，并完成项目评价表。

### （一）撰写项目总结报告

在小组内每个人先对任务完成情况进行评价总结，再由小组推荐代表向全班作小组总结。评价完成后，根据其他组成员对本组的评价意见进行归纳总结，并完成自评总结的撰写。

要求：①语言精练，无错别字；②编写内容包括任务内容、完成任务后的体会，以及自身的优点、缺点和改进措施；③字数约1000字。自评总结的内容见表3-25。

表3-25 自评总结

| 自评大纲 | 1．我负责的任务内容是什么？<br>2．我是否按时、按量、按质完成了自己的任务？<br>3．除此之外，我还为团队贡献了什么？<br>4．我在完成任务的过程中，存在哪些不足，主要是什么原因造成的？<br>5．我认为弥补任务完成过程中的不足，还需要哪些支持或帮助？<br>6．在没有帮助的情况下，我有哪些解决问题的办法和措施？ |
|---|---|
| 自评描述 | 请结合大纲提示的问题，完成自评描述。（可另附页） |

## （二）提交评价表

教师对各小组任务完成情况进行评价。①找出各组的优点进行点评；②对任务完成过程中各组的缺点进行点评，并提出改进方法；③对整个任务完成中出现的亮点和不足进行点评。评价与分析的具体内容见表 3-26。

表 3-26　评价与分析

班级________　　　　学生姓名____________　　　　学号__________

| 项目 | 自我评价 | | | | 小组评价 | | | | 教师评价 | | | |
|---|---|---|---|---|---|---|---|---|---|---|---|---|
| | 优 | 良 | 合格 | 不合格 | 优 | 良 | 合格 | 不合格 | 优 | 良 | 合格 | 不合格 |
| | 占总评 10% | | | | 占总评 20% | | | | 占总评 70% | | | |
| 任务 3-1 | | | | | | | | | | | | |
| 任务 3-2 | | | | | | | | | | | | |
| 任务 3-3 | | | | | | | | | | | | |
| 任务 3-4 | | | | | | | | | | | | |
| 政治品德 | | | | | | | | | | | | |
| 职业道德 | | | | | | | | | | | | |
| 安全文明 | | | | | | | | | | | | |
| 操作规范 | | | | | | | | | | | | |
| 质量控制 | | | | | | | | | | | | |
| 开拓创新 | | | | | | | | | | | | |
| 小计 | | | | | | | | | | | | |
| 总评 | | | | | | | | | | | | |

## 四、考核评价标准

考核评价标准的具体内容见表 3-27。

表 3-27 考核评价标准

| 评价内容 | 评价标准 | 分数 |
|---|---|---|
| 典型工作任务（任务 3-1 至任务 3-4） | 优：充分履行岗位职责，超额完成工作目标任务。<br>良：较好地履行岗位职责，完成工作目标任务。<br>合格：能够履行岗位职责，完成工作目标任务。<br>不合格：未能切实履行岗位职责，没有完成工作目标任务 | 优：25～30<br>良：19～24<br>合格：16～18<br>不合格：0～15 |
| 政治品德 | 优：理论素养高，理想信念、宗旨意识、大局观念强，模范遵守政治纪律。<br>良：理论素养高，理想信念、宗旨意识、大局观念较强，遵守政治纪律（良好）。<br>合格：理念素养、理想信念、宗旨意识、大局观念一般，遵守政治纪律（一般）。<br>不合格：理论素养低，理想信念、宗旨意识、大局观念不强，不能遵守政治纪律 | 优：17～20<br>良：13～16<br>合格：11～12<br>不合格：0～10 |
| 职业道德 | 优：工作高度认真、细致严谨；爱岗敬业，积极组织或参与岗位工作任务，对工作充满激情。<br>良：工作认真，责任心较强；工作比较积极，能按要求组织或参与岗位工作任务。<br>合格：工作比较认真，有一定的责任心；缺乏热情，基本能按要求参与岗位工作任务。<br>不合格：工作不够认真，责任心较差；不能按要求参与岗位工作任务 | 优：10<br>良：8～9<br>合格：6～7<br>不合格：0～5 |
| 安全文明 | 优：风险防范意识强，制定预案及时完备科学有效；面对突发事件，头脑清醒，能够科学分析、敏锐把握事件潜在影响，有效应对突发事件。<br>良：风险防范意识较强，事先制定可行预案；面对突发事件，头脑比较清醒，能够比较科学地分析、较敏锐地把握事件潜在的影响，能应对突发事件。<br>合格：风险防范意识较弱，预案部署不够完备；面对突发事件，不能科学分析、敏锐把握事件潜在影响，应对突发事件能力较弱。<br>不合格：风险防范意识弱，事先没有制定可行预案；面对突发事件，难以有效应对 | 优：10<br>良：8～9<br>合格：6～7<br>不合格：0～5 |
| 操作规范 | 优：全程 100%的规范操作，没有失误。<br>良：全程 90%～100%的规范操作，偶有失误。<br>合格：全程 60%～80%的规范操作。<br>不合格：全程未达到 60%的规范操作 | 优：10<br>良：8～9<br>合格：6～7<br>不合格：0～5 |
| 质量控制 | 优：成效突出，质量优秀。<br>良：成效明显，质量良好。<br>合格：成效一般，质量合格。<br>不合格：成效较差，质量不合格 | 优：10<br>良：8～9<br>合格：6～7<br>不合格：0～5 |
| 开拓创新 | 优：创新精神强，善于把握创新机遇，能够灵活运用创新方法分析问题、解决问题。<br>良：创新精神较强，能够把握创新机遇，能够运用创新方法分析问题、解决问题。<br>合格：创新精神一般，基本能够把握创新机遇分析问题、解决问题。<br>不合格：缺乏创新精神，不能通过创新方法分析问题、解决问题 | 优：10<br>良：8～9<br>合格：6～7<br>不合格：0～5 |

# 任务3-5 学习笔记